新编21世纪

高等职业教育精品教材·装备制造类

无人机维护技术

UAV maintenance technology

主　编　戴金跃　李红燕

副主编　李笑瑜　张伶俐

中国人民大学出版社

·北京·

前　言

随着人工智能和无人机技术的深度融合，无人机已成为现代经济战争、军事战争中的一把利器，世界各国均在竞相研发，力求在未来经济、军事战争中占据制高点。具备实际操作能力的无人机操控与维修人员将成为炙手可热的高新人才。在我国目前的就业形势下，拥有专业无人机操控技能和多种机型无人机维护维修保养能力的人将显示出超强的竞争力。

“无人机维护技术”课程是实现人才培养目标中培养无人机装调检修工、民用航空器机械维护员这两类工作岗位群的重要载体。目前市面上只有《无人机组装、调试与维护》等教材中简单涉及无人机维护方面的知识，没有体系完整、内容系统的无人机维护相关教材，因此，新编《无人机维护技术》教材十分必要。

本书主要由导论、常用维护工具的认识与使用、无人机机体结构维护、无人机动力系统维护、无人机控制系统维护、无人机典型作业载荷维护六个部分组成。

导论部分主要阐明无人机维护的意义、整体维护保养的思路和与维护保养相关的安全飞行及法律法规。

常用维护工具的认识与使用部分主要介绍机械类、电工类、地面站和遥控器等维护工具的认识与正确使用，通过实训加强学生对维护工具的应用。

无人机机体结构维护部分主要包含多旋翼、固定翼和无人直升机三种常用机型的机体结构认识与维护，选用市面上较为常见的 450 四轴飞行器作为实训内容载体，夯实学生在无人机机体结构方面的维护技能，在实训中融入职业素养与课证融通内容，对标无人机检测与维护职业技能等级证书要求。

无人机动力系统维护部分主要包含油动无人机和电动无人机两大类动力系统维护。油动无人机动力系统维护主要涉及动力系统内外检查、发动机试车和磨车、压缩比调节、油门选定及常见故障排除等，电动无人机动力系统维护主要涉及螺旋桨、电机、舵机、电调、电池的工作原理、维护保养和故障检测方法。实训部分通过对无人机发动机定期维护保养、启动准备和维护保养操作训练，提升学生应对发动机故障难题的能力。

无人机控制系统维护部分主要包含无人机飞控系统、通信系统、机载链路系统和常用传感器的维护。飞控系统维护部分重点对常见开源飞控故障进行分析与调试，通信系统维护部分重点对无人机遥控链路天线、图传天线等进行原理分析与常见故障排除，机载链路系统维护部分重点对无人机数传模块、图传模块进行原理分析与维护示范，常用传感器维护部分对无人机上加速度传感器、陀螺仪、磁罗盘、GPS 传感器等其他各类传感器进行了原理分析和常见故障检测。实训部分采用组装调试机电一体化无人机，夯实学生对各类传感器的应用与调试技能，增强学生的应用能力。

无人机典型作业载荷维护部分主要包含植保、消防、航拍三种任务载荷的维护。植保无人机任务载荷维护重点对喷洒系统的载荷进行了维护说明，消防无人机任务载荷维护从不同的应用阶段和环境因素给出了维护方案，航拍无人机任务载荷维护重点介绍了相机镜头维护和精密红外热成像仪的维护保养。实训部分从植保无人机任务载荷的清洗与保养入手，不断加强融入无人机检测与维护职业技能等级标准的内容。

本书的编写以培养高技术人才为出发点和目标，遵循“目标合理、思路清晰、够用为度”三个基本原则，基于无人机装调检修工这一国家职业技能标准，充分结合无人机驾驶员，无人机组装、调试与维护等多个工作岗位实景，合理安排理论知识点，以任务为导向、项目为载体编写教材。全书内容以无人机检测、维护为主线，更加侧重于实操应用，通过合理组织实训案例，把解决无人机及相关设备怎么检、怎么修、怎么护的工作流程和规范传授给学生。同时，本书注重知识内容载体的多样化，以校企合作开发新型工作手册式维修工卡承载实训内容，配套开发信息化资源，利用二维码，将纸质教材和线上教学视频有机结合，丰富教材内容载体。

本书的前言、导论由戴金跃编写，项目 1、项目 3 由李红燕编写，项目 2 由李笑瑜编写，项目 4 由张伶俐编写，项目 5 由李红燕、苏州恒井泰信息技术有限公司官建军和王呈呈编写，附录由北京中科浩电科技有限公司张津铭、田磊、李红燕编写。感谢在教材编写过程中给予支持的江苏蓝鲸智慧空间研究院有限公司、苏州极目机器人科技有限公司等企业！

编　者

目 录

导 论

无人机的设计、组装、调试和飞行不是无人机的全部，高效率、长时间、安全地使用无人机完成作业任务才是最终目的。由于使用者对无人机的结构、部件维护保养方面不重视，无人机在飞行作业后直接装箱的情况经常出现，因此无人机再次被使用的时候易出现电池损坏、老化，零部件缺失等问题，给无人机的持续使用带来困扰。做一套严格的、方便操作的维护流程和强化使用者自身的责任心，对于提升企业经济效益、减少安全事故发生具有重要意义。

“无人机维护技术”课程概述

无人机作为一种智能化、自动化的飞行器，如同人类的身体一样需要定期保养和维护。长时间在恶劣环境中作业，不可避免地会对无人机的设备造成一定的损害和影响。一些小的故障如果长期不修复，也有可能会引起更严重的问题，最终导致无人机出现飞行事故。因此，除了要按照正确的方式操作和使用无人机以外，日常的维护保养和检查也是至关重要的。

一、无人机维护的意义

无人机维护具有以下意义：

（1）保证无人机的正常运行。无人机的定期维护保养可以及时检测和修复设备故障，保证无人机长期稳定运行，规避飞行中出现的事故，保障飞行安全。

（2）延长无人机的使用寿命。无人机的定期维护保养不仅可以预防设备故障，还可以及时发现、更换易老化设备组件，延长整机使用寿命，确保更长时间地为用户服务。

（3）节约使用成本。无人机的定期维护保养可以避免一些无谓的故障和问题发生，节约无人机维修成本，减少设备的损坏，延缓设备的淘汰，节约用户、公司的采购成本；还可以降低事故的发生，减少事故赔偿，降低对人类的安全威胁。

二、无人机轻保养的坏处

无人机轻保养对无人机也有一定的坏处：

（1）再次飞行时发现零配件缺失，导致无法飞行。

（2）组装过程中发现无人机有损坏的地方，设备内线松脱，延长组装时间，耽误组装效率。

（3）飞行过程中易出现电池异常、发动机熄火，甚至在飞行中出现无人机解体的情况。

（4）无人机执行作业时负载无响应或者参数设置错误，浪费大量时间采集无用或错误数据。

（5）不同员工使用无人机时，记录不详，权责不明，故障率高，造成公司经济损失。

三、无人机常见故障出现的原因

（一）无人机飞行后没有将零部件和工具归位，导致再次飞行时零部件缺失

由于没有规范的管理，回收后的无人机没有固定的存放位置，每次飞行前都需要重新收拾零件、工具和其他辅助设备。加上平时接触无人机的人比较多，使用工具或者动用无人机的部件没有记录，久而久之出现丢三落四的情况，这是很多无人机使用者在初期的通病。只有从一开始就制定好规范，遵循“6S”制度，对每个工作环节进行登记、明确责任人，才能有效地避免这种混乱操作带来的危害。

（二）无人机飞行后没有进行全面细致的检查，不能及时发现使用中造成的损坏

无人机和有人机不同，进行起降、作业的环境较为复杂。由于起降场地的条件差，因此常规起降的无人机容易在起降过程中因为冲击大而造成局部损伤。有些结构损伤是不容易从外观发现的，在每次飞行后都应该对无人机进行全面细致的检查，及时发现并处理隐患。

（三）重要的设备需要定期检修，避免因长时间使用而造成损坏

无人机是一种能够长期、重复使用的工具，在多次使用后，一些重要设备容易出现问题。以固定翼无人机为例，发动机、电源和结构连接是需要重点检查的部分。传统观念总是认为发动机调整好了就可以一劳永逸，结果用了一段时间发现发动机经常出现熄火、转速不稳、拉力下降等问题，反复调整无效后对发动机进行了拆解，发现由于长时间处于不佳工况，发动机严重积炭，导致火花塞堵塞，难打火、易熄火，化油器滤网缺乏定期清洗，堵塞严重，导致供油不足。因此无人机上重要的设备需要定期检修，避免因长时间使用而造成损坏、降低工作效率。

无人机电池等动力系统需要定期维护保养，无人机飞行时间长，环境变化大，对电池组的耐用性要求很高。由于无人机飞行间隔时间不固定，电池若经常满电存储、过充或过放，会造成电池损坏、性能快速下降，导致无人机有效飞行时间缩短，无法高效完成工作任务。无人机电池常见的损坏情况如图 0－1 所示。无人机的机体结构，尤其是连接部分，由于经常拆装和振动冲击，容易老化损坏，如图 0－2 所示。这些都是在维护过程中需要重点注意的地方。

图 0-1　无人机电池损坏

图 0-2　无人机机体结构损坏

以上根据具体情况阐述了无人机在使用过程中维护保养工作的重要性。三分用，七分养，无人机的每一次华丽升空、平稳降落的背后，都离不开飞手细致入微的检查和坚持不懈的维护。如同一场出色的表演，必定凝结着台下苦练基本功的汗水，才能换来台上精彩的瞬间。要想让自己的无人机能够在更加广阔的天空里飞翔，我们就要沉下心来，做好无人机的“保姆”。

因此，深入探究无人机各部件内部特点，熟练使用相关工具对无人机进行维护、保养和故障处理，并紧紧围绕职业技能证书培养目标，培养无人机维护技术岗位要求的相关能力具有十分重要的意义。

四、安全飞行及法律法规

随着无人机技术的飞速发展，无人机已经逐渐应用于各个行业，包括农业、物流、安保和娱乐等领域。然而，无人机的广泛使用也引发了一系列安全问题，包括飞行事故、侵犯他人隐私和非法操控等。为了规范无人机行业的发展和确保无人机的安全飞行，我国制定了相关的无人机法律法规。民用航空器适航管理是以保障民用航空器的安全性为目标的技术管理，是政府适航部门在制定了各种最低安全标准的基础上，对民用航空器的设计、制造、使用和维修等环节进行科学统一的审查、鉴定、监督和管理。适航管理揭示和反映了民用航空器从设计、制造到使用、维修的客观规律，并施以符合其规律的一整套规范化管理。为了规范无人驾驶航空器飞行以及有关活动，促进无人驾驶航空器产业健康有序发展，维护航空安全、公共安全、国家安全，2023 年 5 月 31 日，国务院、中央军事委员会公布了《无人驾驶航空器飞行管理暂行条例》，自 2024 年 1 月 1 日起施行。该条例规定了飞行民用无人驾驶航空器应进行实名注册登记。

（一）安全飞行注意事项

（1）飞行前请按照流程仔细检查无人机与飞行场地。

（2）飞行时要避免接近高层建筑、高压线、发射塔、树木、人群等，保持 30 米安全距离和 25 米安全高度。

（3）把动力电池固定到电池座上，通过调节电池前后位置来使无人机前后平衡，电池要固定牢固，以免无人机做大动作时电池滑动或掉落。

（4）在确保遥控器各开关与控制杆放置位置均处于初始化位置后，方可开启遥控器。

（5）无人机水平放置，机头朝向表示飞行正向，给无人机上电，无人机自检（大约5秒），在自检、定位过程中不得移动无人机。

（6）每到一个新的飞行场地，必须对GPS进行磁校准。

（7）飞行航线时，要时刻观察无人机状态（电压、飞行航线是否掉高）。如果飞行出现异常（偏离航线过多，或者无人机打转等），那么飞手需要立刻接管无人机，将飞行模式开关切换到手动操控模式（GPS模式切换为姿态模式），使无人机达到正常状态或降落无人机。飞行正常完成后，飞手接管无人机（GPS模式切换为姿态模式），操作降落，注意无人机的机头朝向。

（8）将无人机控制在视线范围内。

（9）禁止在人群上方飞行。

（10）飞行时，飞手禁止与他人嬉笑打闹。

（11）飞行时，飞手视线不得随意离开无人机，双手不能离开遥控器操纵杆。

（二）法律法规

1. 无人机安全法律法规

（1）无人机登记要求。

根据国家相关法律法规，无人机的所有者或使用者需要将无人机进行登记。登记的目的是确保无人机能够被准确地追踪和管理，减少无人机因违法行为而造成的安全风险。在登记时，无人机的所有者或使用者需要提供相关的身份证明和无人机信息，并缴纳一定的登记费用。

（2）飞行限制区域规定。

各国根据飞行安全和公共利益的考虑，规定了一些禁飞区域和限制飞行区域，如机场周边、重要基础设施附近等。无人机的所有者和使用者必须严格遵守这些规定，不得擅自进入禁飞区域和限制飞行区域。

（3）飞行安全规定。

为了保障无人机的飞行安全，各国制定了一系列的飞行安全规定，如无人机的飞行高度限制、飞行速度限制、夜间飞行限制等。此外，各国还规定了无人机飞行时必须携带的标识和灯光，以确保其他航空器和人员能够及时察觉无人机的存在。

（4）无人机保险要求。

为了保障无人机的飞行安全和责任追究，一些国家规定了无人机所有者必须购买相应的无人机保险。无人机保险主要包括第三者责任险和物体损失险，以保障无人机在飞行过程中对他人和财物造成损失的赔偿责任。

2. 无人机操作规范

（1）安全飞行操作规范。

无人机的操作人员必须经过专业培训和资质考核，取得相应的飞行执照。在飞行操作过程中，无人机的操作人员必须遵循安全飞行的原则，包括保持适当的高度、距离和速度，以免与其他航空器和人员发生碰撞。

（2）保护个人隐私规范。

无人机的使用可能侵犯他人的隐私权，因此在操作过程中，无人机的操作人员需要遵守相关的隐私保护规范。例如，不得擅自拍摄他人私人活动或进入他人私人领地，不得散布他人隐私信息等。

（3）数据安全和无人机信号干扰规范。

无人机携带的数据可能包含个人敏感信息，因此需要对数据进行加密和妥善保管。同时，无人机的信号干扰可能影响到其他通信设备的正常运行，因此操作人员需要遵守相关规范，确保无人机信号不会对其他设备造成干扰。

（4）突发事件处理规范。

无人机在飞行过程中可能会遇到各种突发事件，如掉落、故障等。操作人员必须具备应对突发事件的能力，及时采取措施保障飞行安全，并按照规范的要求上报相关部门。

五、无人机使用前后的维护保养

无人机作为一种精密的电子机械设备，要想保证其正常飞行、延长寿命，除需要按照规范正常操作外，还需要定期对无人机进行维护保养。维护保养可以从两个方面着手：首先是熟悉无人机的结构与系统，了解其组装、调试与飞行的规范操作；其次是重视维护保养，定期检查才能确保从根源上保障无人机的飞行安全。

（一）无人机使用前检查

1. 工具准备

无人机
外场前检查

无人机在出外场作业前需要在场内做好充足自检，检测涉及的工具主要有两大类：机械类和电工类工具。机械类工具主要用于无人机的组装与固定，如钳子、镊子、螺丝刀、力矩扳手等。电工类工具主要用于无人机电气信号的检测和焊接调试，如万用表、电烙铁、示波器等。还有一些清洁类工具和专用检测工具，如小清洁刷、超细纤维布、灌装压缩气体、异丙醇清洁剂、多用途润滑剂、桨叶动平衡机和螺距尺等。

2. 机体结构检查

检查机体结构的完整性、牢固性，确保各零部件完好，如有部件老化或损坏，应更换后再飞行。确保螺旋桨无破损且安装牢固，机体完全展开、扣紧，确保起落架和作业箱安装紧固，所有螺丝锁紧。

3. 动力系统检查

飞行前后，检查电动无人机电池剩余电量，确保无人机动力系统清洁无损、运行顺畅；检查电调、电机指示音是否正确，检查电机校准能否通过，检查电机正反转顺序是否正确，检查电机、电调信号线有无插错。作业前后，认真检查燃油无人机供油系统、油箱储油量和电喷系统，逐一排查发动机常见的故障，并填写检查单，对初次使用的燃油无人机进行试车、磨车调试操作。

4. 控制系统检查

飞行前后，对无人机磁罗盘进行仔细校准，断电重启。检查遥控器电量是否充足，检查遥控器、接收机能否对频，检查遥控器摇杆和按键是否都能正常使用。检查遥控器天线是否与无人机垂直，飞行前确认遥控器调整至 GPS 模式，并确认 GPS 定位信号良好。检查遥控器摇杆模式是否符合自己的操作习惯，摇杆是否需要校准，检查遥控器各按钮是否处于待命状态。确认地面站信息栏无报错提示，进行故障自检后，排除故障，对常见故障做好预案准备。

5. 负载及场地检查

确保植保无人机喷洒、播撒系统无堵塞，校准后能够正常工作；确保航拍、测绘、电力巡检等无人机搭载的云台相机 SD 卡剩余容量充足，镜头清晰，云台转动顺畅，负载安装调试无误。检查无人机起降场地是否平整，移动设备开启飞行模式，避免干扰。飞行前检查环境风力，3 级以上需谨慎飞行，大于 4 级则不建议飞行；起飞地点避开人流，确保起飞场地开阔、无干扰；飞行前手动刷新返航点，并进行试飞。

（二）无人机使用后保养

1. 无人机清洁

在每次飞行之后，应仔细检查无人机的所有部分是否有灰尘、泥土或其他杂质，特别注意电机、螺旋桨和电池等部位的清洁。定期使用压缩空气或软布清除污垢，并注意避免水或其他液体进入无人机的任何部位。定期检查电机有无沙尘和水渍，并活动各个电机轴，确认其与机臂安装牢固且能顺畅达到最大位置，卸下桨叶后开机、测试电机，判断电机无异响后入库存储。螺旋桨是无人机中最容易损坏的部件之一，因此每次飞行后都要检查螺旋桨的状态，如果有裂痕、磨损或变形则需要立刻更换。即使螺旋桨看上去完好无损，也需要定期更换，以确保最佳的性能。

无人机的
电池维护

2. 充电、存储电池

电池是无人机作业的关键组件，因此正确地使用和存储电池十分重要。设备不使用时，电池需要单独存放，保持存放环境干燥，不可将电池放置于靠近热源、易燃易爆品的区域，也不能长期放置在低温室外，防止电池活性下降。只在准备飞行时才给电池充满电，并确保电池在完全冷却的状态下充电。如果长时间不用无人机，应将电池电量维持在50%～60%，建议2～3个月重新充放电一次，长期存储时，要在0℃～25℃温度范围内存放。

3. 放油、清洁管路

超过3天不使用的无人机需要及时排放燃油，首先准备一个干净的空油桶，然后拧下油箱底部的放油阀，将油放入干净的空油桶内，待油放完后拧紧放油阀，将放出的燃油放置在阴凉通风处妥善存储。检查油路中油管是否有破损，油路若产生大量气泡会使发动机运行不良。检查供油系统、油路是否堵塞，若有异物堵塞油泵、汽油滤、喷油器，则易导致发动机供油不足，无法正常启动。油管的使用寿命为6个月，表面如有深度划痕，则应立即更换。

4. 负载清洁、保养

植保无人机的维护保养与故障排除

对于植保、消防应用等无人机负载，由于其恶劣的作业环境和喷洒物品的属性，使用后要对喷洒系统、播撒系统、机身等进行认真清洁。首先需要排空喷洒系统中的液体，然后对药箱、水泵、管路、喷嘴、滤网等进行内外清洗，注意避免药箱中的物体进入植保无人机上的各个部件，避免损坏无人机部件功能。在药箱中加入清水，开启喷洒，多次清洗喷洒系统内部；使用湿布擦拭药箱、水泵、喷杆等喷洒系统外部，然后用干布擦干水渍。其次，将作业箱与播撒机分离，使用拧干的湿布擦拭作业箱内部与外部，并使用干净柔软的干抹布将作业箱擦干，使用软刷清理减速箱、搅拌棒、霍尔元件、甩盘主体、播撒盘等部件，并使用干燥空气进行吹气清理，使用干净柔软的干布擦拭，切勿直接用水清洗，还应清洁机翼、螺旋桨、机身和避障雷达等部分。

对于航拍、测绘应用等无人机负载，由于其搭载高精度摄像头，因此使用后应对相机、云台等进行保养，以提高其使用寿命。清洁镜头要先用气吹，将镜头上的灰尘吹走，再使用镜头专用的拭镜布进行擦拭，避免直接使用粗麻布擦拭镜头造成磨损。若需要使用镜头专用清洁液清洗，则应先将清洁液滴在拭镜布上，然后从镜头的中间往外轻轻擦拭，确保清洁后装上镜头防护罩后再存储。无人机飞行后要检查云台缝隙是否有灰尘，检查云台是否出现卡顿、生锈等，要及时进行清洁、润滑保养。

5. 存储、运输

无人机外场作业运输注意事项

无人机和电池需要存储在阴凉干燥的地方，避免阳光直射或高温。遇到雨天或者非常潮湿的梅雨天气作业，无人机飞行后需要风干或放到防潮箱内吸潮，在一些潮湿环境中不要裸露机身保存，建议使用防潮柜存储。沙尘天气对无人机的影响很大，尤其是对电机，若必须飞行，则使用完后应尽快清理沙子等异物，减少对无人机的影响。在运输无人机时，确保所有的零部件都被妥善保护，避免任何可能导致碰撞或挤压的情况。

课证融通

无人机检测与维护职业技能等级分为三个等级：初级、中级、高级。三个级别依次递进，高级别涵盖低级别职业技能要求。

【无人机检测与维护】（初级）：能对无人机系统进行起飞前、后安全监控与检测工作，并使用专业的机械工具根据标准施工方案对无人机的关键部件、设备以及零件进行拆装和维护维修。

【无人机检测与维护】（中级）：能使用专业电子电气工具对无人机机载电子设备进行拆装和维护维修以及飞行/载荷控制线路施工，并完成静电防护和无人机各部件的介电性能检查，对各类插头的拆装、清洁、保护和防松的作业以及对动力系统的维护维修。

【无人机检测与维护】（高级）：能对无人机的非金属材料完整性进行检查，对复合材料进行修理，同时能对无人机装载、运输以及任务设备进行保养，完成相关的密封与防腐操作，并能完成链路装置的更换与测试、飞控调试及地面站软件调试，以及设备电池的维护保养，可以定位与排除无人机系统机械故障与电子电气故障。

项目 1　常用维护工具的认识与使用

学习目标

知识目标

（1）掌握无人机常用机械类维护工具的名称和使用方法，如钳口工具、裁剪剥线工具、紧固工具及量具等。

（2）掌握无人机常用电工类维护工具的名称和使用方法，如测电笔、万用表、电烙铁等。

（3）掌握无人机专用维护工具的名称和使用方法，如桨叶动平衡机、螺距尺及其他配件等。

（4）掌握地面站固件下载、飞控连接、校准、日志故障分析，以及遥控器功能设置、对频等。

技能目标

（1）能够熟练使用无人机常用机械类维护工具完成无人机拆装。

（2）能够熟练使用无人机常用电工类维护工具完成无人机焊接调试。

（3）能够熟练使用无人机专用维护工具完成无人机保养清洁。

（4）能够解决无人机遥控器飞行、地面站飞行中遇到的问题。

素质目标

（1）能够正确使用无人机常用工具，并具有安全意识。

（2）能够规范操作无人机维护工具，具有“6S”精神。

（3）能够树立正确的择业观，形成积极的学习态度，掌握专业技能。

学习导图

- 常用维护工具的认识与使用
  - 机械类维护工具的名称和使用
    - 知识
      - 钳口工具
      - 裁剪剥线工具
      - 紧固工具
      - 量具
    - 技能
      - 能使用工具切割管材与板材
      - 能使用量具测量零件尺寸
    - 素质
      - 培养吃苦耐劳的劳动品质
      - 培养勤奋刻苦的工匠精神
  - 电工类维护工具的名称和使用
    - 知识
      - 测电工具
      - 焊接工具
      - 桨叶动平衡机等专用工具
    - 技能
      - 能使用万用表测量电压、电流与电阻，排查短路与断路
      - 能使用电烙铁进行焊接拆卸
      - 能完成除锈润滑剂的操作
    - 素质
      - 培养用电安全意识
      - 培养爱岗敬业的职业精神
  - 地面站、遥控器的认识与使用
    - 知识
      - 地面站简介
      - 地面站的功能与特点
      - 遥控器的认识与使用
      - 遥控器的通信原理
    - 技能
      - 能连接无人机与超视距控制站
      - 能对无人机与地面站连接不通的异常进行分析及故障排除
      - 能对无人机飞控地面自检不通过的异常进行分析及故障排除
      - 能完成遥控器对频、通道设置等
      - 能依据操作规范，以及遥控器、地面站等使用手册，解决问题
    - 素质
      - 培养自主探究能力
      - 培养分析问题、解决问题能力

任务 1　常用机械类维护工具的认识

常用机械类维护工具的认识与使用

任务描述

小张刚从学校无人机应用技术专业毕业，来到一家无人机行业应用公司上班，看到一套无人机散件，他申请进行组装、调试，以便尽快了解公司无人机产品的特点。他在进行机械结构组装过程中，通常会使用一些机械类工具。请问：小张需要使用哪些常用工具呢？他又应该如何使用这些工具呢？通过本任务的学习，我们一起探讨这些问题。

任务目标

1. 掌握无人机常用机械类维护工具的名称和使用方法，如钳口工具、裁剪剥线工具、紧固工具及量具等。

2. 能够熟练使用无人机专用维护工具完成无人机保养清洁。

知识准备

一、钳口工具

钳口工具一般称为钳子，主要用于夹捏工件或导线，有些综合类钳子还带有刀口或铡口，兼有剪切功能。钳口工具一般带绝缘柄，电工应选用带绝缘柄的钳子，可以带电夹捏或剪切导线等。

（一）平嘴钳

平嘴钳，俗称老虎钳、钢丝钳、综合钳，是一种常用的钳口工具，它可以把坚硬的细钢丝夹断。平嘴钳由钳头和钳柄组成，钳头包括钳口、齿口、刀口和铡口，如图 1 - 1 所示。钳口可用来夹持物件，齿口可用来夹持柱状物，夹持接触面大，刀口可用来剪切电线、铁丝，也可用来剪切电线的橡皮或塑料绝缘层，绝缘套管（柄）等使操作者可带电剪切电线。钳柄主要用于抓握施力，套有绝缘套管，防止带电操作时触电，其破损时要及时更换。

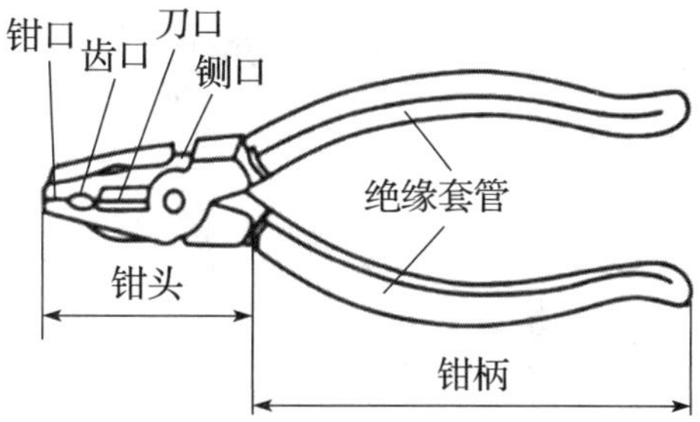

图 1 - 1　平嘴钳的基本结构

平嘴钳有带齿口和不带齿口两种，如图 1 - 2 所示，规格以全长表示，常用的规格有 160mm、180mm 和 200mm 三种。

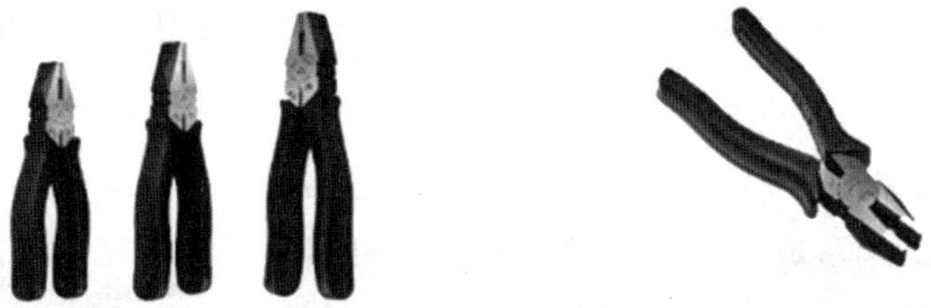

（a）带齿口　　（b）不带齿口

图 1 - 2　平嘴钳示例

使用平嘴钳的注意事项如下：

（1）使用平嘴钳要量力而行，不可以超负载使用。切忌在切不断的情况下扭动钳子，这样容易造成崩牙与损坏。对于钢丝、铁丝或铜线，先用钳子留下咬痕，然后用钳口夹紧，轻轻上抬或者下压就可将其掰断，不但省力，而且不会损坏钳子，可以有效地延长钳子的使用寿命。

（2）带电操作时应该注意选用带绝缘套管的钳子，以免操作者被电击伤。使用前应注意检查绝缘套管是否完好，损坏的绝缘套管可能失去绝缘作用，不可用钳子剪切双股带电电线，以免引起短路。

（3）不可将钳子当锤子使用，以免刀口错位，影响正常使用。

（二）尖嘴钳

尖嘴钳头部尖细，如图 1 - 3 所示，夹持较小螺钉、垫圈、导线等元器件比较方便，适用于剥除导线塑料绝缘层。尖嘴钳还可以将单股导线弯成需要的各种形状，便于在装接控制线路时使用。尖嘴钳的规格以全长表示，常用的规格有 125mm、140mm、160mm、180mm 和 200mm 五种。

（a）不带齿口

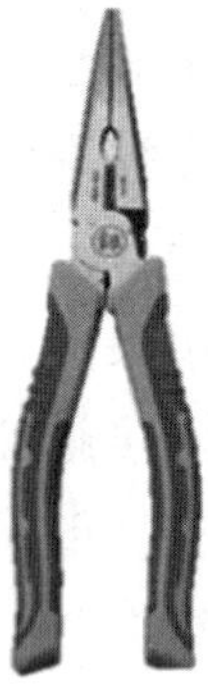

（b）带齿口

图 1 - 3　尖嘴钳示例

使用尖嘴钳的注意事项如下：

（1）不允许用尖嘴钳装卸螺母、夹持较粗的硬金属导线及其他硬物。

（2）绝缘手柄破损后严禁带电操作。

（3）尖嘴钳头部是经过淬火处理的，不能在锡锅或高温条件下使用。

（三）圆嘴钳

圆嘴钳的钳头呈圆锥形，如图 1 - 4 所示，适用于将金属薄片及金属丝弯成圆形，是仪器仪表、电信工程、电信器材以及家电装配、维修行业中常用的工具。圆嘴钳的规格以全长表示，有 125mm、140mm、160mm、180mm 和 200mm 五种。

图 1 - 4　圆嘴钳示例

（四）偏口钳

偏口钳又称为斜口钳，如图 1－5 所示，主要用于剪切导线及元器件多余的引线，还常用来代替一般剪刀剪切绝缘套管、尼龙扎线及扎带等。

在剪切导线，尤其是剪掉焊接点上多余的线头和印制电路板安放插件后过长的引线时，选用偏口钳这一工具效果最好。钳身长 160mm 且带塑胶绝缘柄的偏口钳最为常用。

（五）镊子

镊子虽然不属于钳口工具，但是作为夹持类工具，是对钳子的某些功能的补充，如图 1－6 所示。镊子可以夹捏钳子无法夹捏的细小精密物件、电子元件、导线及集成电路引脚等，是电子、小型电器维修中的常用工具，一般常用的有直头、平头、弯头镊子等。

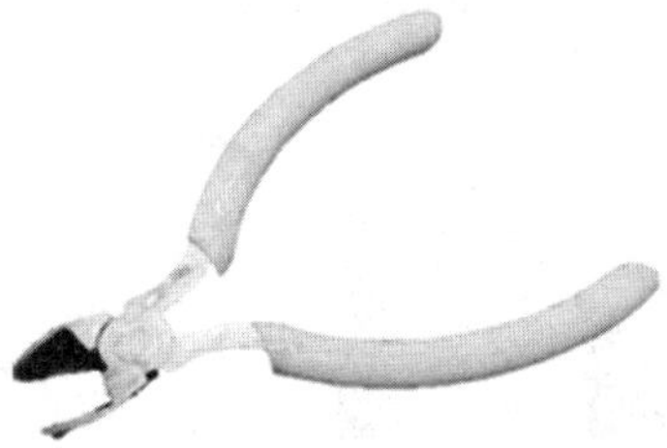

图 1－5　偏口钳示例

图 1－6　镊子示例

二、裁剪剥线工具

（一）电工刀

电工刀是电工常用的一种切削工具，如图 1－7 所示。普通的电工刀由刀片、刀把、刀挂等构成，不用时，将刀片收缩到刀把内。

导线接头之前应把导线上的绝缘层剥除，在剥除双芯护套线的外部绝缘层时，可以用刀刃对准两芯线的中间部位，把导线一剖为二。用电工刀剥除电线绝缘层时，可把刀略微翘起一些，用刀刃的圆角抵住线芯。切忌把刀刃垂直对着导线切割绝缘层，这样容易割伤电线线芯。

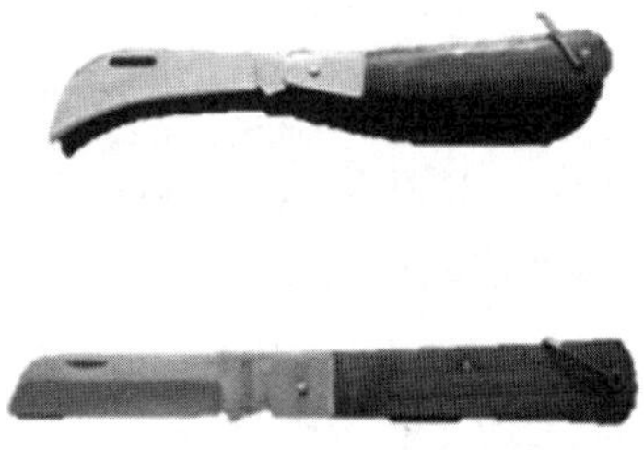

图 1－7　电工刀示例

电工刀没有绝缘保护套，禁止带电作业，应避免使用电工刀切割坚硬的材料，以保护刀口。如果刀刃部分损坏严重，可用砂轮磨削，但需要防止退火。

（二）剥线钳

剥线钳是电机修理、仪器仪表电工常用的工具之一，如图 1－8 所示。它适用于剥除橡胶绝缘电线、电缆芯线的绝缘层。剥线钳的使用方法是：将带绝缘层的线头置于钳口的刀口中，用手捏住钳柄，然后松开，绝缘层便与芯线脱开。

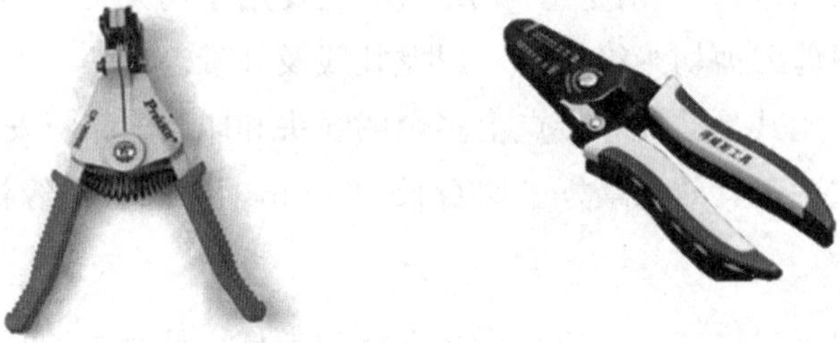

图 1-8　剥线钳示例

（三）其他常见的裁剪切割工具

在无人机维护保养操作过程中还会用到一些常见的裁剪切割工具，如图 1-9 所示的美工刀、剪刀、手锯等。这些工具大家在日常生活中也经常使用，在此不做赘述。

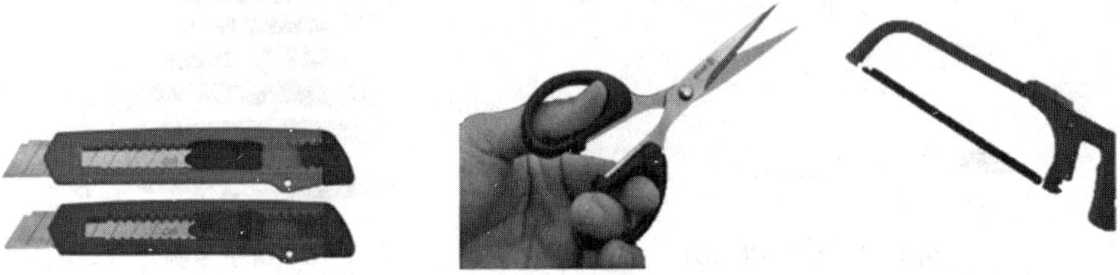

（a）美工刀　　（b）剪刀　　（c）手锯

图 1-9　其他常见的裁剪切割工具示例

三、紧固工具

（一）螺丝刀

螺丝刀又称螺丝批、改锥、起子，是一种紧固或拆卸螺钉的专用工具，由刀头和手柄组成，如图 1-10 所示，通常有一字形和十字形两种，分别用于旋动头部为一字槽或十字槽的螺钉。

一字槽螺丝刀常用的规格有全长 50mm、100mm、150mm 和 200mm 等，必备的是 50mm 和 150mm。十字槽螺丝刀常用的规格有 4 种：Ⅰ号适用于直径为 2～2.5mm 的螺钉，Ⅱ号适用于直径为 3～5mm 的螺钉，Ⅲ号适用于直径为 6～8mm 的螺钉，Ⅳ号适用于直径为 10～12mm 的螺钉。

图 1-10　螺丝刀示例

一般螺钉的螺纹是正螺纹，顺时针为拧入，逆时针为拧出。使用螺丝刀时，手紧握手柄，用力顶住，使螺丝刀头紧压在螺钉上。

螺丝刀头部厚度应与螺钉尾部槽形相配合，使头部正好卡入螺母槽，否则易损伤螺丝槽。在带电场合工作时，螺丝刀的金属杆上要套上绝缘管套，以免发生触电事故。

（二）扳手

活扳手是一种拧紧或旋松有角螺丝钉或螺母的工具，由动扳唇、扳口、定扳唇、蜗轮、手柄和轴销组成，如图 1－11 所示。电工常用的扳手有全长 200mm、250mm、300mm 三种，使用时应根据螺母的大小匹配。使用活扳手时，使活扳手紧紧卡住螺母，不可太松，否则会损坏螺母外缘。扳拧较大螺母时，手应握在靠近柄尾处，扳动起来比较省力。活扳手不可反用，动扳唇不可作为重力点使用，以免损坏动扳唇。不可用钢管接长柄来施加较大的扳拧力矩，更不得把活扳手当撬杠或锤子使用。

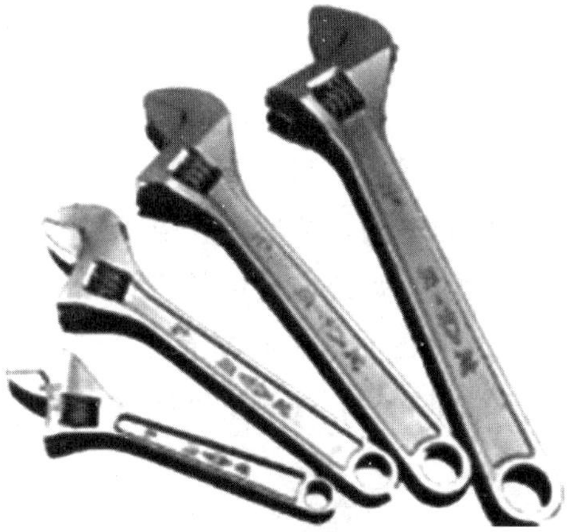

图 1－11 活扳手示例

图 1－12 所示为两用扳手和内六角扳手。两用扳手包括呆扳手和梅花扳手，是根据螺钉头、螺母的标准尺寸制作而成的，用于拆装六角螺母或螺栓；内六角扳手用于装拆内六角螺钉，常用于某些机电产品的拆装。

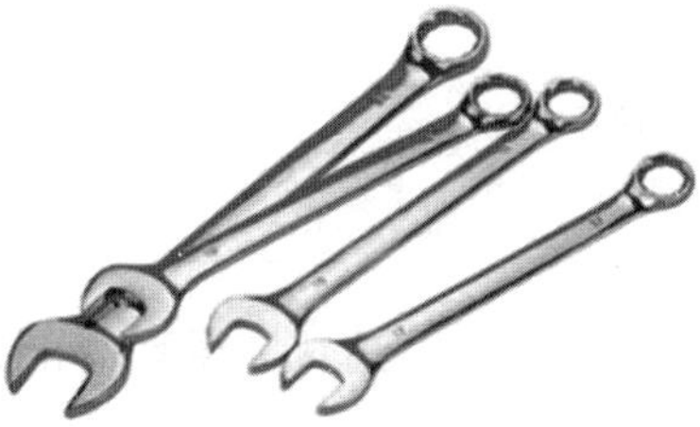

（a）两用扳手（呆扳手+梅花扳手）

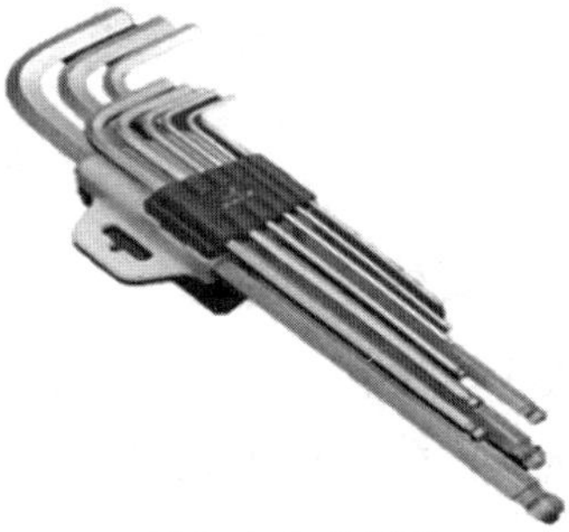

（b）内六角扳手

图 1－12 两用扳手和内六角扳手

图 1－13 所示的扭力扳手又称力矩扳手、扭矩扳手、扭矩可调扳手，在拧转螺栓或螺母时，能显示出所施加的扭矩。当施加的扭矩达到规定值后，扭力扳手会发出光或声响信号提示。扭力扳手适用于对扭矩大小有明确规定的无人机结构的安装、拆卸。

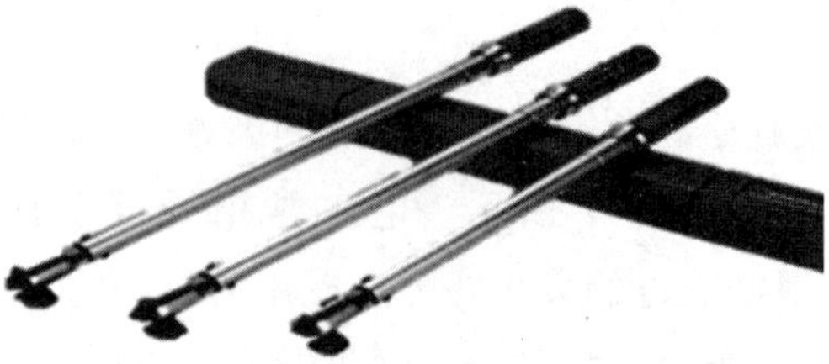

图 1-13　扭力扳手

四、量具

（一）游标卡尺

游标卡尺是一种测量长度，内、外径，深度的量具，如图 1-14 所示。游标卡尺由主尺和附在主尺上能滑动的游标两部分构成。主尺一般以 mm 为单位，而游标上则有 10、20 或 50 个分格。根据分格的不同，游标卡尺可分为 10 分度游标卡尺、20 分度游标卡尺和 50 分度游标卡尺等。游标为 10 分度的长度为 9mm，20 分度的长度为 19mm，50 分度的长度为 49mm。游标卡尺的主尺和游标上有两副活动量爪，分别是内测量爪和外测量爪，内测量爪通常用来测量内径，外测量爪通常用来测量长度和外径。

游标卡尺的使用

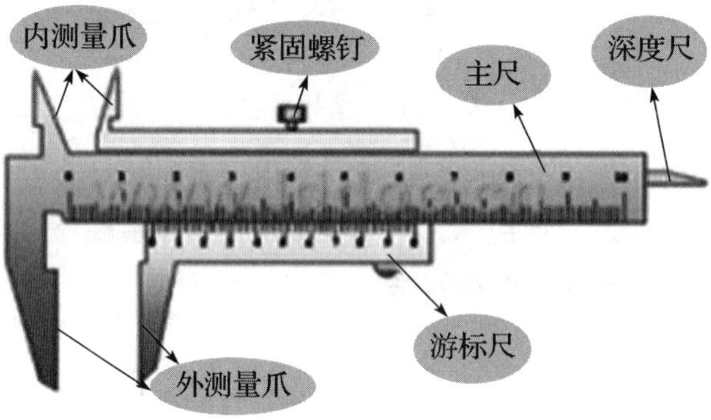

图 1-14　游标卡尺示例

（二）其他常见量具

在操作过程中，有时还会用到如图 1-15 所示的直尺、角尺、卷尺等工具。这些都是日常量具，在此不做赘述。

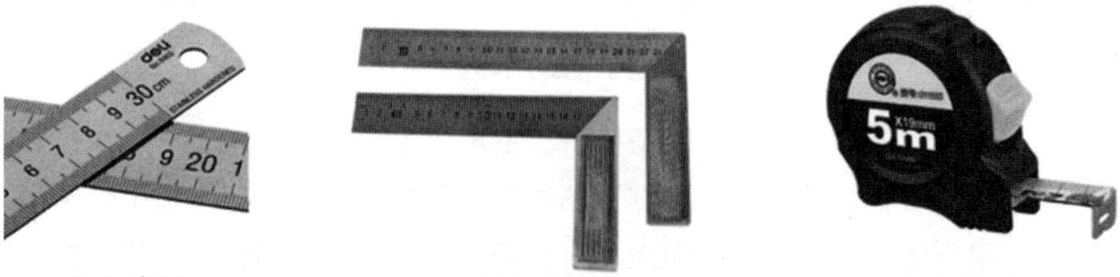

（a）直尺　　（b）角尺　　（c）卷尺

图 1-15　其他常见量具

任务练习

1. 什么情况下使用平嘴钳，什么情况下使用尖嘴钳？
2. 简述游标卡尺读数步骤。
3. 操作人员使用多旋翼植保无人机外出作业时需要随身携带哪些机械类工具？

工匠精神

1. 能够正确认识、使用机械类常用工具。
2. 能够依据要求规范操作机械类工具，养成爱惜工具、收纳整理的好习惯。
3. 树立安全意识，强化“6S”意识。

任务2 常用电工类维护工具的认识

任务描述

小张刚从学校无人机应用技术专业毕业，来到一家无人机行业应用公司上班。看到一套无人机散件，他申请进行组装、调试，以便尽快了解公司无人机产品的特点。他在完成机械结构组装后，开始进行电气设备装调、结构固定和机身清洁保养，通常会使用一些电工类、清洁类和固定类工具。请你帮助小张列出本任务的常用工具清单。

任务目标

1. 掌握无人机常用电工类维护工具的名称和使用方法，如测电笔、万用表、电烙铁等。

2. 能够熟练使用无人机常用电工类、清洁类工具完成无人机焊接、调试、维护与保养作业。

知识准备

常用电工类维护工具的认识与使用

一、测电笔

测电笔又称验电笔或试电笔，简称电笔，是一种用来测试电线、用电器件和电气装置是否带电的常用电工工具。测电笔的内部由串联的高阻值电阻器、专用氖管、弹簧等构成，外形常做成钢笔式或小型起子（螺丝刀）结构，如图1-16所示。笔的前端是金属探头，后部设有氖管发光窗口，后端部设有钢笔形金属挂鼻或金属端盖，使用时作为手触及的金属部分。普通低压试电笔的电压测量范围为 60～500V。

测电笔主要用来检查交流电的电源插座、电线、用电器件和电气设备的外壳等是否带电，用来判断交流电的火线（相线）和地线（零线）。使用时，用手（一般为右手）握住测电笔，注意必须使人手的皮肤接触笔末端的金属体（如金属挂鼻或金属端盖），并使氖管小窗背光朝向自己，以便于准确观察。但应注意皮肤切不可触及笔尖的金属体，以免发生触电事故。握住测电笔后，用笔尖去接触测试点，并观察氖管是否发光。如果氖管发光明亮，说明测试点带电；如果氖管不发光或仅有微弱的光，有可能是测试点表面不清洁，也有可能笔尖接触的是地线。如果反复测试几次，氖管仍旧不发光或仅有微弱的光，就说明这个测试点不带电或是地线。测电笔工作时有电流通过人体流入大地，但由于测电笔里的降压电阻阻值很大（达到 2MΩ），因此通过人体的电流很微弱，属于安全电流，对使用者不会造成危险。

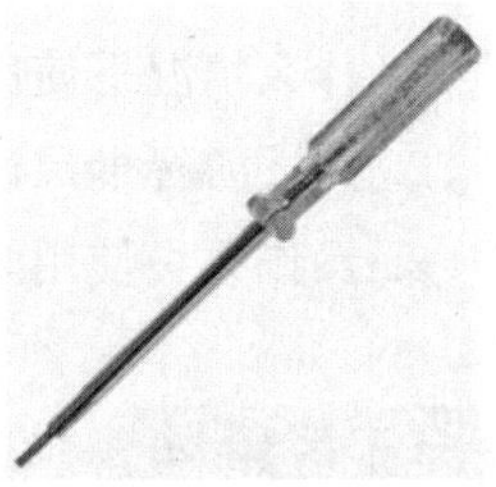

图 1－16　测电笔示例

最后要特别强调的是，测电笔作为一种具有安全检测功能的测试工具，每次使用前都应在已确认的带电体（如电源插座）上测试一下，看到氖管能正常发光后再使用，以防止因测电笔失灵而造成触电事故。

万用表的使用方法与维护注意事项

万用表的使用

二、万用表

万用表是无人机组装过程中必备的测试仪表，它不仅能够测量电路中的电压、电流和电阻等多种电量的大小，而且能够检测电子元器件的好坏等，故称万用表。

万用表的种类很多。按显示方式不同，万用表可分为指针式和数字式，如图 1－17 所示。万用表的外形种类虽然很多，但其基本上都是由表头、液晶显示屏、测量线路、转换开关、测量插孔等几部分组成。

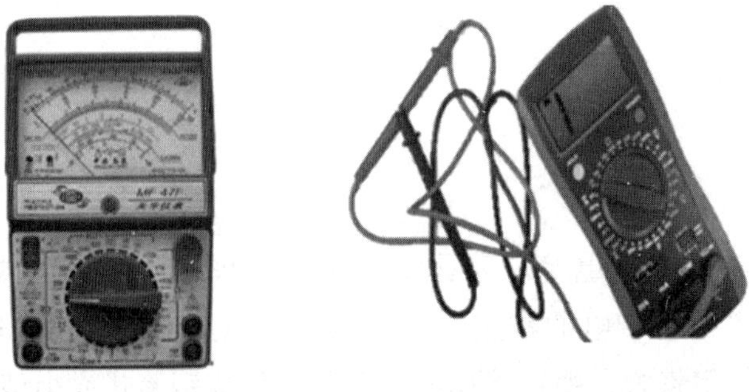

（a）指针式　　（b）数字式

图 1－17　万用表示例

指针式万用表相对于数字式万用表，读取精度较差，但指针摆动的过程比较直观，其摆动速度和幅度有时也能比较客观地反映被测量值的大小。数字式万用表具有灵敏度高、功能齐全、测量种类多、测量直观（可直接显示被测量的大小）、性能稳定、过载能力强、轻便、不易损坏等优点，因此得到迅速普及，正逐步取代机械指针式万用表。

三、焊接工具

（一）电烙铁和焊锡丝

电烙铁焊接分电板

电烙铁是手工施焊的主要工具，主要由烙铁头、金属外壳、发热芯子、绝缘手柄、电源线和电源插头等部分组成，如图1－18（a）所示。电烙铁是一种利用电能来加热的焊接工具。常见的电烙铁有外热式、内热式、速热式等多种，功率有16W、20W、25W、30W、35W、45W等规格。同一种类的电烙铁，功率越大，体积也越大，可焊接的元器件体积也越大。

手工电子元器件焊接使用的焊锡丝（如图1－18（b）所示）由锡合金和助焊剂（如图1－18（c）所示）两部分组成。在焊接时，焊锡丝与电烙铁配合，优质的电烙铁提供稳定、持续的熔化热量，焊锡丝作为金属填充物加到电子元器件的表面和缝隙中，以固定电子元器件。焊接效果与焊锡丝的成分组成、助焊剂密不可分，没有助焊剂的焊锡丝不能进行电子元件的焊接，这是因为它不具备润湿性及扩展性，在无助焊剂的情况下进行焊接，焊接过程中会产生飞溅，且焊点形成不好。松香是最普遍的一种助焊剂，它的主要作用是防止烙铁头在高温时氧化，并且能够增强焊锡的流动性，使焊接更容易进行。

（a）电烙铁　　（b）焊锡丝　　（c）助焊剂

图1－18　电烙铁、焊锡丝和助焊剂

实际使用时，为了防止电烙铁烫坏桌面，加热后的电烙铁暂不用时，必须放在专用的烙铁架上。

使用电烙铁要特别注意安全，必须认真做到以下几点：

（1）电烙铁的外壳应妥善接地。

（2）每次使用前，都应认真检查电源插头和电源线有无损坏，烙铁头是否松动。

（3）使用过程中严禁任意敲击、摔打电烙铁，烙铁头上焊锡过多时，可使用湿海棉擦掉。

(4) 焊接过程中，电烙铁不能随处乱放，不焊接时应将电烙铁放在烙铁架上，烙铁头须随时挂锡。

(5) 严禁将电源线搭在烙铁头上，以防烫坏绝缘层而发生事故。

(6) 使用结束后，应及时切断电烙铁电源，待完全冷却后再收回工具箱。

(二) 焊台

图 1-19 所示为普通电烙铁的结构图，图 1-20 所示为可调温焊台结构图，二者均为用于电子焊接的手动工具。焊台通过给焊料（通常是指焊锡丝）供热，使其熔化，从而使两个工件连接起来。焊台利用电烙铁给工件快速传热，利用集成芯片检测烙铁头的温度，通过调整温控器来控制温度。

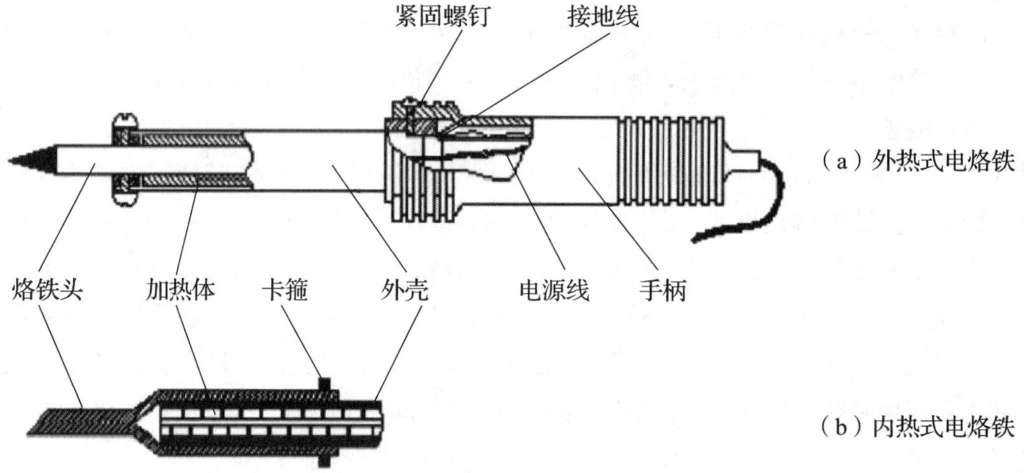

图 1-19　电烙铁结构图

图 1-20　焊台示例

与电烙铁相比，焊台具有防静电功能，能够控制温度，其烙铁头和发热芯的寿命比普通电烙铁要高很多；焊台能耗比电烙铁低，回温速度较快，焊台的焊锡效率比电烙铁高，热效率能够达到 80%左右，而电烙铁的热效率只能达到 50%。

（三）热熔胶枪

热熔胶枪是一种用来加热热熔胶棒的专用工具，如图 1－21 所示。热熔胶枪内部采用居里点（或称居里温度，指磁性材料中自发磁化强度降到零时的温度）大于 280℃的陶瓷 PTC 发热元件，并配设紧固导热结构，当热熔胶棒在加热腔中被迅速加热熔化为胶浆后，用手扣动扳机，胶浆即从喷嘴中挤出，供直接黏合固定使用。按使用场合的不同，热熔胶枪可分为大、中、小号三种规格，并且喷嘴可做成各种形状。

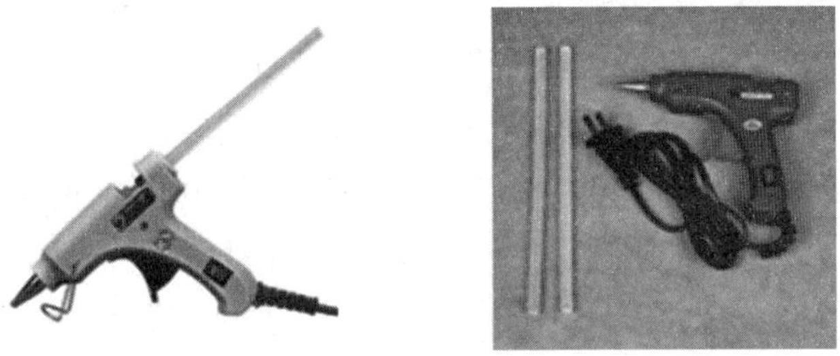

图 1－21　热熔胶枪与热熔胶棒

热熔胶是一种黏附力强、高度绝缘、防水、抗震的黏固材料，使用时几乎不会造成环境污染。无论是使用热熔胶黏固机壳，还是将印制电路板黏固在机壳内部或将电子元器件黏固在绝缘板上，均显得灵活快捷，省时省力，装拆方便。但注意它不适宜黏接发热元器件和强振动部件，当黏固量太大时，使用热熔胶枪有时无法发挥其应有的优势，需视具体情况酌情考虑。

四、专用工具

（一）桨叶动平衡机

无人机的螺旋桨转速每分钟在几百转以上，有的达到数千转，对动平衡要求很高。若各桨叶重心的轴向位置不一致，则螺旋桨转动时各桨叶产生的离心力将不在垂直于桨轴轴线的同一平面内，因而形成不平衡动力的力偶，将导致螺旋桨和轴系的振动。这种现象对高转速螺旋桨的影响尤为显著，会引起无人机振动或发生侧翻。

无人机桨叶动平衡机用来检验螺旋桨的动平衡，如图 1－22 所示。其方法是将螺旋桨装置在弹性支架上，当螺旋桨作高速转动时，不平衡的离心力使支架振动，根据支架振幅大小确定不平衡程度。无人机桨叶动平衡机可以检测出桨叶不平衡量的大小和位置，再根据这些数据进行桨叶动平衡处理。利用桨叶的动平衡试验进行平衡处理，可以使不平衡的效应大为降低，但很难完全消除，在进行动平衡试验时，只要残余不平衡是在允许的范围内即为合格。

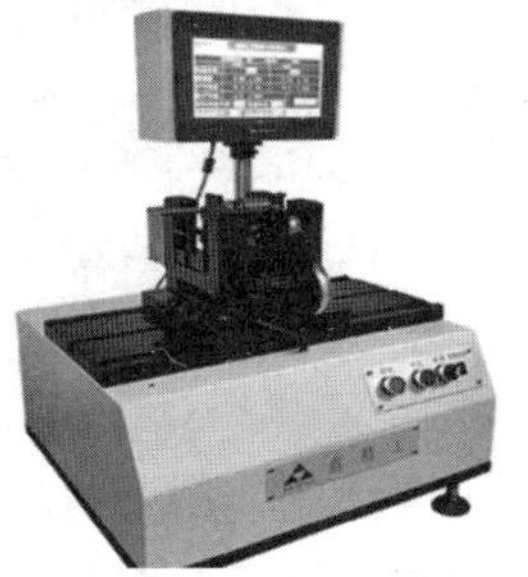

图 1－22　无人机桨叶动平衡机示例

（二）螺距尺

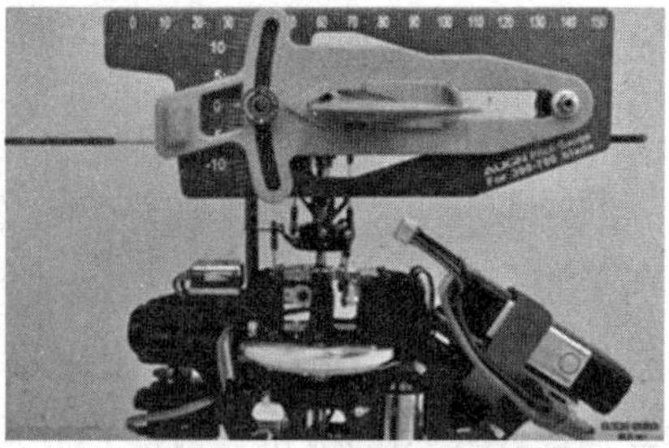

图 1－23　螺距尺示例

螺距尺是无人机的标准配置，如图 1－23 所示，用来校准无人机的螺距角。无人机主旋翼和副翼连杆（或者地平线）的夹角就是无人机的螺距角。螺距角的大小对无人机的飞行起着至关重要的作用，当主旋翼转动时，螺距角给无人机带来升力。

将螺距尺夹在主旋翼上距桨尖大约 10cm 的位置，并使螺距尺与主旋翼垂直。打开发射机和接收机，使副翼连杆（或者地平线）和螺距尺的上沿平行，螺距尺上指针所指出的数字就是螺距角。如果处于悬停飞行状态，当油门拉杆最下（小）时，螺距角应该是－3°～0°；当油门拉杆在中间时，螺距角应该是 5.5°～6°；当油门拉杆最上（大）时，螺距角应该是 9°～11°。如果是竞技飞行状态，当油门拉杆最下（小）时，螺距角应该是－10°；当油门拉杆在中间时，螺距角应该是 0°；当油门拉杆最上（大）时，螺距角应该是 10°。螺距角两边的角度必须一致，否则会导致无人机因振动而无法飞行。

（三）无人机维护保养常备小工具

保养无人机常备的小工具有小清洁刷、超细纤维布、灌装压缩气体、异丙醇清洁剂和多用途润滑剂，如图 1－24 所示。

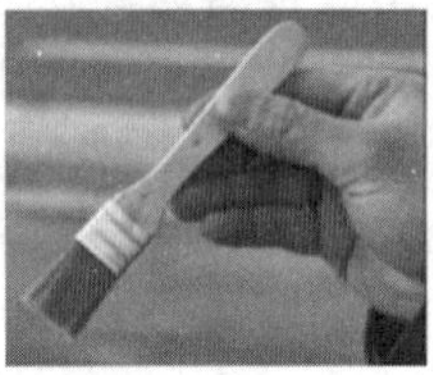

（a）小清洁刷

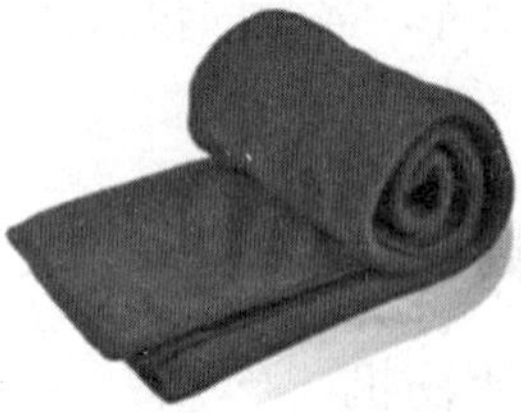

（b）超细纤维布

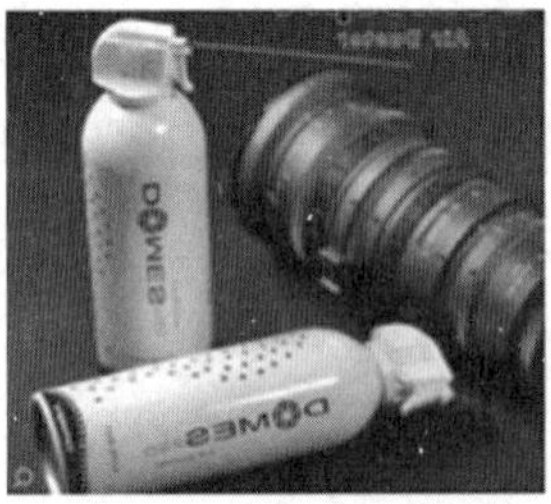

（c）灌装压缩气体

（d）异丙醇清洁剂

（e）多用途润滑剂

图 1－24　保养无人机常备清洁工具

小清洁刷：用于清除无人机角落与缝隙中的尘垢。

超细纤维布：用于清除无人机上的各种污垢。

灌装压缩气体：可以无接触清除无人机“敏感部位”的尘垢，如电机或电路板旁边的尘垢，且不会损坏无人机。

异丙醇清洁剂：可以祛除污垢、油渍等各种顽渍，不会损坏电路，让无人机外壳光洁如新。

多用途润滑剂：用于无人机长期在极端高、低温环境下工作的滑动和滚动轴承、电动机构的齿轮、滑轨及其他部件的润滑。

五、常用配件

无人机紧固件的维修和使用

（一）尼龙扎带和魔术贴扎带

尼龙扎带如图 1－25（a）所示，又称束线带、锁带、扎线带，是一种尼龙材质的扎带，设计有止退功能，只能越扎越紧（活扣式则可拆卸），具有良好的耐酸、耐腐蚀及绝缘性，且不易老化、承受力强、使用方便，广泛应用于电子产品线路、机械设备油路管道及船舶上电缆线路的固定或捆绑其他物体等。

魔术贴扎带如图 1－25（b）所示，又称魔术贴束线带、黏扣带。普通的扎带设计有止退功能，只能越扎越紧，而魔术贴扎带采用魔术贴制作原理，其连接处分公、母两面，一面是细小柔软的绒圈，另一面是较硬的小毛钩类物质，两面可牢固地贴合在一起。在受到一定的拉力时，富有弹性的小毛钩被拉直，从绒圈上松脱而打开，又恢复原有的钩型，如此反复开合可达一万次之多，广泛应用于各类物品需要经常开合的部位，在无人机组装中经常用于固定电池。

（a）尼龙扎带　　　　（b）魔术贴扎带

图 1－25　尼龙扎带和魔术贴扎带

（二）塑料胶带和泡棉双面胶带

塑料胶带如图 1－26（a）所示，是一面涂有黏合剂的塑料带，受压后即可黏住。塑料胶带由基材和黏合剂两部分组成，通过黏接使两个或多个不相连的物体连接在一起。19 世纪，橡胶是黏合剂的主要成分，而现代则广泛应用各种聚合物。

泡棉双面胶带如图 1－26（b）所示，是指在发泡棉基材两面涂上强黏丙烯酸黏合剂，然后一面覆上离型纸或离型膜而成的一种双面胶。泡棉双面胶带具有黏着力强、保持力佳、防水性能好、耐温性强、防紫外线能力强等特性。发泡棉根据基材的不同可分为

EVA 泡棉、PE 泡棉、PU 泡棉、亚克力泡棉及高发泡棉。在无人机组装中，泡棉双面胶带常用于固定飞行控制器（以下简称飞控）、接收机、GPS 天线等部件，使用较为广泛。

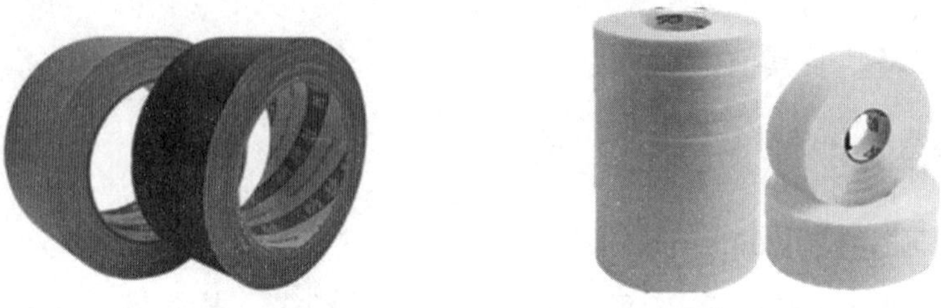

（a）塑料胶带　　（b）泡棉双面胶带

图 1－26　塑料胶带和泡棉双面胶带

（三）热缩套管

热缩套管的认识与使用

热缩套管如图 1－27 所示，是一种特制的聚烯烃材质热收缩套管，其外层采用优质柔软的交联聚烯烃材料，同内层热熔胶复合加工而成。外层具有绝缘防蚀、耐磨等特点，内层具有熔点低、防水密封性好和黏接性高等特点。热缩套管具有高温收缩、柔软阻燃、绝缘防蚀的特性，耐受电压可达 600V。热缩套管的收缩比一般为 2∶1，即加热后其直径为原来的一半，广泛应用于各种线束、焊点、电感的绝缘保护，以及金属管、棒的防锈或防蚀等，在无人机组装中常用于分电板等线束的绝缘、紧固保护。

图 1－27　热缩套管

高分子材料随着温度由低到高要经历玻璃态到高弹态，玻璃态时性能接近塑料，高弹态时性能接近橡胶。热缩套管所用材料在室温时为玻璃态，加热后变成高弹态。生产时把热缩套管加热到高弹态，施加载荷使其扩张，在保持扩张的情况下快速冷却，使其进入玻璃态，在不加热的情况下，可保持玻璃态。在使用时一经加热就会变回高弹态，但此时无外加载荷，因此会产生回缩。

（四）常用胶水

螺纹胶如图 1－28（a）所示，又称无氧胶、厌氧胶、机械胶。所谓“厌氧”，是指这种胶使用时不需要氧，它与氧气或空气接触时不会固化，一旦隔绝空气后就迅速聚合，变成交联状的固体聚合物。螺纹胶主要用于电器、电子、航空机器、汽车工业螺纹处。一般是锁好螺钉后将它点在螺母上，让其慢慢固化；也可将胶涂在螺钉上，然后再装上螺母，正常点胶后约 10 分钟表面不沾手，完全固化需要 6～8 小时。螺纹胶不仅可以让螺钉在作业中不易脱落，还有防锈作用，若要拆卸涂有螺纹胶的螺钉，则只需要增加 30%的力即可将其卸下。

瞬干胶（502 胶）如图 1－28（b）所示，是以 α－氰基丙烯酸乙酯为主，加入增黏剂、增稠剂、稳定剂、增韧剂、阻聚剂等，通过先进生产工艺合成的单组分快速固化胶黏剂。这种胶的特点是固化快、黏接强度大、黏接面广、胶结物表面不需要经严格处理。单纯的（甲基）丙烯酸酯单体形成的胶固化后较脆，抗冲击性能差，故常加入其他一些化合物以改善胶层韧性，提高胶层的力学性能和耐环境性能。瞬干胶可在常温下快速黏接各种材料，如钢铁、铜铝、橡胶、硬质塑料、陶瓷、玻璃等，不同材质间也可黏接，可广泛应用于电气、仪器、仪表、机械、汽车、航空等行业的制作与维修。

泡沫胶如图 1－28（c）所示，适用于泡沫等软质材料自黏或硬质材料（如铁板、有机板等）的互黏，其特点是不易腐蚀泡沫等软质材料，适用于采用泡沫材料的固定翼无人机机身的黏接。

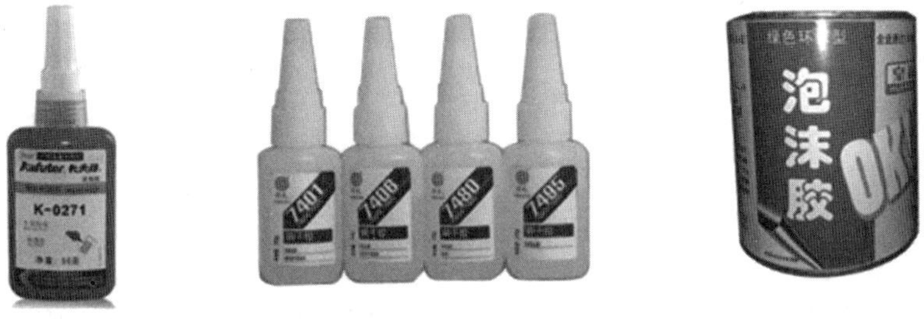

（a）螺纹胶　　（b）瞬干胶　　（c）泡沫胶

图 1－28　常用胶水示例

任务练习

1. 说出使用电烙铁的注意事项。
2. 讨论助焊剂的种类与用法。
3. 说出无人机外出作业常备的清洁小工具有哪些。

工匠精神

1. 能够正确使用电工类常用工具，养成节约、归类的好习惯。
2. 树立环保意识，减少环境污染。
3. 增强责任心，提高安全意识。

任务3 无人机地面站调试、遥控器维护

任务描述

小张刚从学校无人机应用技术专业毕业，来到一家无人机行业应用公司上班。看到一套无人机散件，他申请进行组装、调试，以便尽快了解公司无人机产品的特点。他在完成机械结构和电气设备组装后，开始进行无人机校准、遥控器设置、地面站测试和试飞。项目组长询问小张进行无人机试飞的逻辑思路是什么，有哪些注意事项。作为无人机专业的毕业生，你能帮助小张回答吗？

任务目标

1. 能够完成地面站软件下载、安装、连接和使用。
2. 能够成功配置无人机遥控器，完成通道设置。
3. 能够根据飞行日志判断无人机故障，能够实现无人机正常飞行。

知识准备

一、地面站的特点与应用

（一）地面站简介

地面站系统专为高端的商用及工业用无人机进行超视距全自动飞行作业而设计，配备了可靠的远程无线通信设备和人性化设计的地面站控制软件（GCS）。Mission Planner 是一款常用的无人机地面站控制软件，如图 1－29 所示，适用于固定翼、旋翼机和地面车。

图 1－29　Mission Planner 地面站

（二）地面站的功能与特点

1. 地面站的功能

（1）无人机的姿态监控。通信链路会把无人机上的信息传回地面站，地面站也能通过通信链路把控制信号传给无人机。机载传感器获得相应的无人机飞行状态信息并将其传输到地面站，地面站的主计算机对这些信息进行处理，并在地面站上显示出来，地面人员会根据这些信息，对无人机进行手动控制，或者由主计算机自动对无人机进行控制。

（2）有效载荷数据的显示和有效载荷的控制。有效载荷是无人机任务的执行单元，地面站根据任务要求实现对有效载荷的控制，并通过对有效载荷状态的显示来实现对任务执行情况的监管。

（3）任务规划、无人机位置监控及航线的地图显示。任务规划主要包括处理任务信息、研究任务区域地标、确定飞行路线及向操作员提供规划数据等。无人机位置监控及航线的地图显示部分主要便于操作人员实时地监控无人机和航迹的状态。

（4）导航和目标定位。无人机在执行任务过程中通过无线数据链路与地面控制站之间保持着联系。在遇到特殊情况时，无人机需要地面站对其实现导航控制，使其按照安全的路线飞行。随着空间技术的发展，传统的惯性导航结合先进的卫星定位导航技术成为无人机系统导航的主流导航技术。目标定位是指无人机发送给地面的方位角、高度及距离数据，以便这些数据可与正确的无人机瞬时位置数据相结合来实现目标位置的精确计算。

（5）与其他系统的通信链路。该通信链路用于指挥、控制和分发无人机收集的信息。随着计算机和网络技术的发展，现行的通信链路主要借助局域网来进行数据的共享，这样与其他组织的通信不仅是在任务结束以后，更重要的是在任务执行期间，通过相关专业人员对共享数据进行多层次的分析，及时地提出反馈意见，再由现场指挥人员根据这些意见，对预先规划的任务立即做出修改，从而能充分利用很多资源，从全局对任务提供有力的支持和合理的建议，使得地面站当前的工作更加有效。

2. 地面站的特点

（1）人性化界面设计。

（2）谷歌 3D 地图视角。

（3）工业级飞行控制算法。

（4）实时飞行仪表盘。

（5）遇险自动返航/一键返航。

（6）键盘/自定义摇杆飞行控制。

（7）随点随行功能。

（8）全自主起飞/降落。

（9）自定义航点。

（10）三种航点转弯模式可选。

（11）自定义舵机通道控制。

（12）批量航线动作任务设置。

（13）实时飞行航线编辑。

（14）相对坐标编辑器。

（15）摄影测量工具包。

（16）仿真飞行模拟。

（17）飞行任务导入/导出。

（三）地面站的安装与使用

地面站系统拥有 3D 地图和可视化飞行仪表，提供无人机姿态、坐标、速度、角度等实时飞行数据，同时也提供无人机及飞控系统状态信息，如图 1－30 所示。

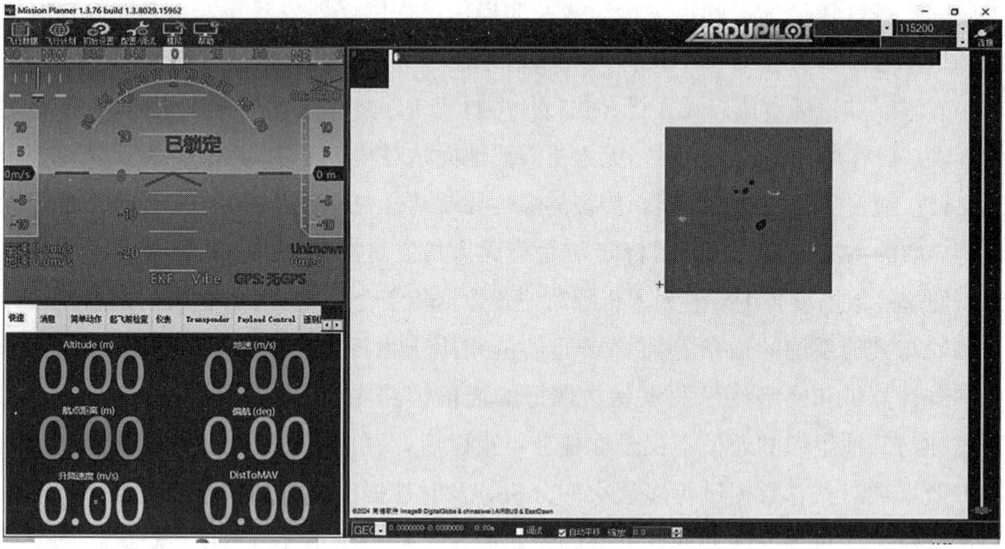

图 1－30　地面站界面

下面以 Mission Planner 地面站为例介绍软件的安装与使用。Mission Planner 无人机地面站控制软件仅在 Windows 系统下工作，安装非常简单。首先，Mission Planner 的安装运行需要微软的 Net Framework 4.0 或最新版本组件，所以在安装 Mission Planner 之前应先下载 Net Framework 4.0 或最新版本并安装完成。

1. 地面站软件安装

（1）下载地址：https://ardupilot.org/planner/docs/mission-planner-installation.html。

（2）运行安装文件，并按图 1－31 所示的向导执行即可。

（3）安装包将自动安装所需驱动程序，包括 DirectX plug-in。若出现图 1－32 所示的情况，选择安装驱动程序即可。

（4）软件将安装到 C:\Program Files(x86)\APM Planner，并在开始菜单里创建打开 Mission Planner 的图标。

（5）安装完毕后，即可启动 Mission Planner，启动后可通过连接按钮，下载固件或连接飞控板。

图 1-31　地面站安装向导

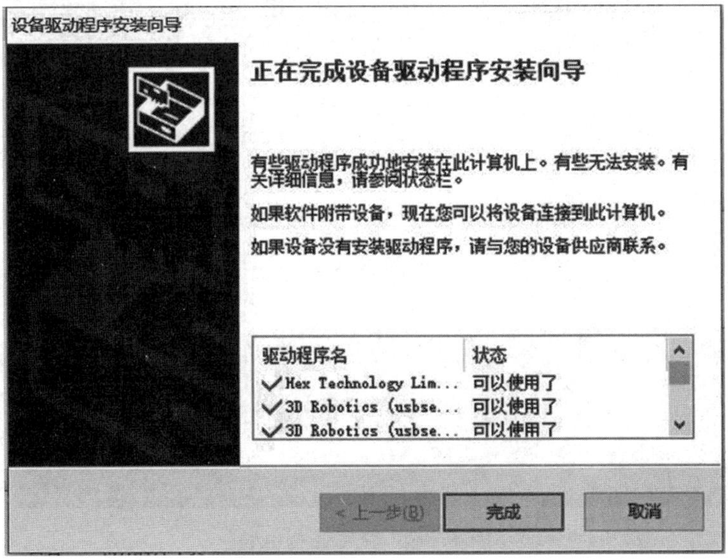

图 1-32　驱动程序安装

（6）如果有升级版本，软件会自动通知。

2. 固件下载

（1）飞控板固件加载时，用 Micro USB 一端连接 PIXHAWK 飞控板，一端连接个人计算机，如图 1-33 所示。

（2）打开 Mission Planner 软件，串口与波特率设置如图 1-34 所示，从图中右上角区域下拉菜单中选择 COM 口，并设置串口通信波特率为“115200”。

图 1－33　飞控调试接头图

图 1－34　串口与波特率设置

（3）在图 1－35 所示的初始设置界面上，选择 Install firmware 画面，选择恰当的机架类型，回答提示画面“Are you sure”→“Yes”。当 Mission Planner 探测到 PIXHAWK 后，将要求拔下飞控，再次插入飞控，数秒后点击 OK 按钮，此期间满足 Bootloader 接受下载新固件的请求。当下载结束后，在软件状态显示条处显示“erase”、“program”、“verify”和“Upload Done”等信息，表明固件下载成功，如图 1－36 所示。

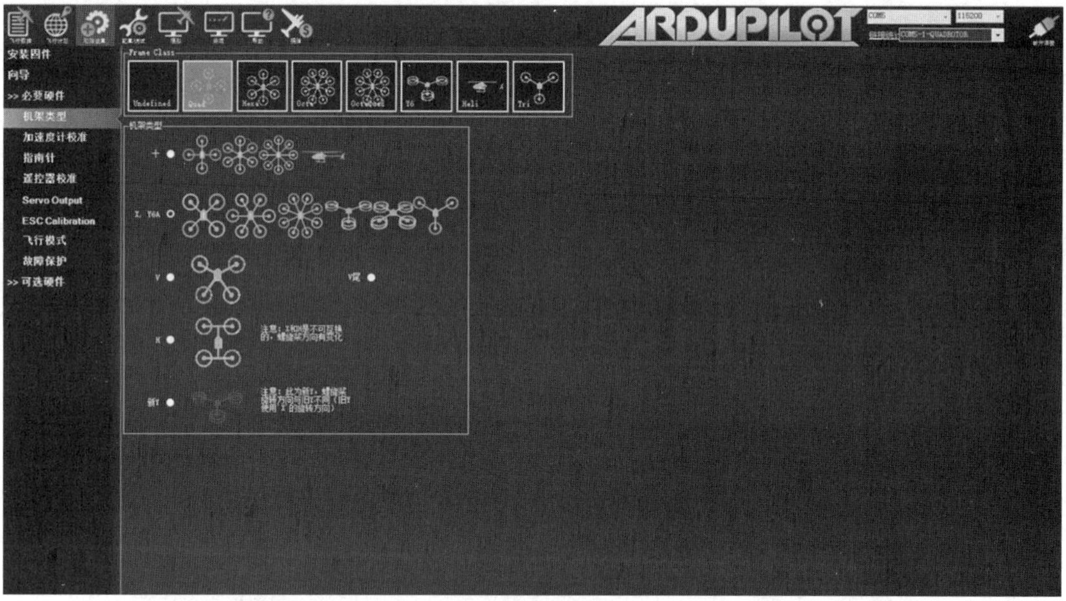

图 1－35　机架类型设置

3. 飞控连接

固件下载安装后，拔下飞控，重新连接飞控进行校准。在 Mission Planner 软件的右上角，选择连接的串口号和波特率“57600”，点击连接。串口号是 Windows 系统自动提供的，并在下拉菜单中出现。注意：连接波特率必须选择“57600”，而下载固件时的波特率必须选择“115200”。连接成功后，连接按钮将显示 DISCONNECT，用于断开连接操作；未连接成功时，右上角会显示 CONNECT 按钮，等待连接，如图 1－37 所示。

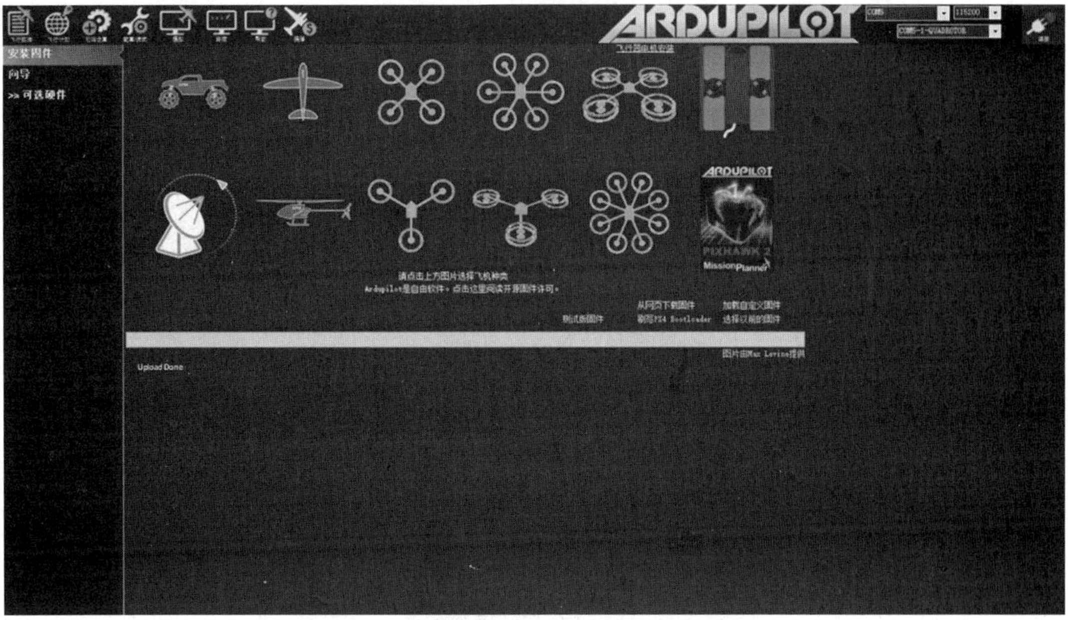

图 1 - 36　固件下载成功

图 1 - 37　连接飞控设置

如果没有连接上，那么进行如下检查：

（1）检查正确的波特率，USB 为“115200”，数传电台为“57600”。

（2）检查串口号是否正确，以及串口号是否存在。

（3）如果是 USB 口不识别，那么尝试不同的 USB 口。

（4）如果使用 UDP 或 TCP 连接，那么检查防火墙是否畅通。

（5）飞控板上电后，会有声音和 LED 灯显示状态，以确认飞控板固件运行正确。

（四）校准

当一个全新的固件下载以后，首先要做的是校准，否则后续的解锁是不能进行的。Mission Planner 软件的姿态界面上也会不断弹出红色提示，其提示分别表示以下含义：

（1）PreArm：RC not calibrated，表示遥控器没有校准。

（2）PreArm：INS not calibrated，表示加速度计没有校准。

（3）PreArm：Compass not calibrated，表示磁罗盘没有校准。

不同飞控的校准顺序、要求需要参考具体说明书进行。下面以开源飞控 PIXHAWK 为例进行简单介绍，其实物结构如图 1 - 38 所示。

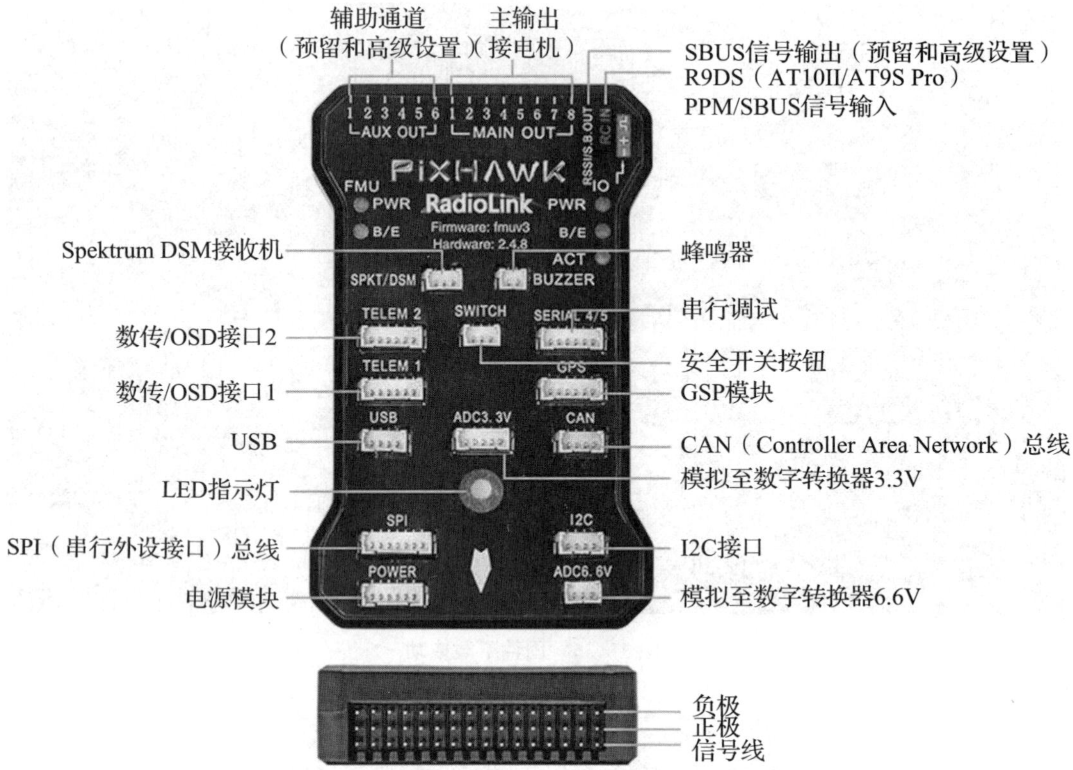

图 1-38　PIXHAWK 飞控图

1. 加速度计校准

将无人机飞控与地面站软件连接成功、更新固件后，在水平桌面上进行加速度计校准。依次进行校准加速度计、校准水平两项操作，如图 1-39 所示。校准加速度计操作是根据提示依次进行水平、左侧、右侧、向下、向上、背上校准操作：

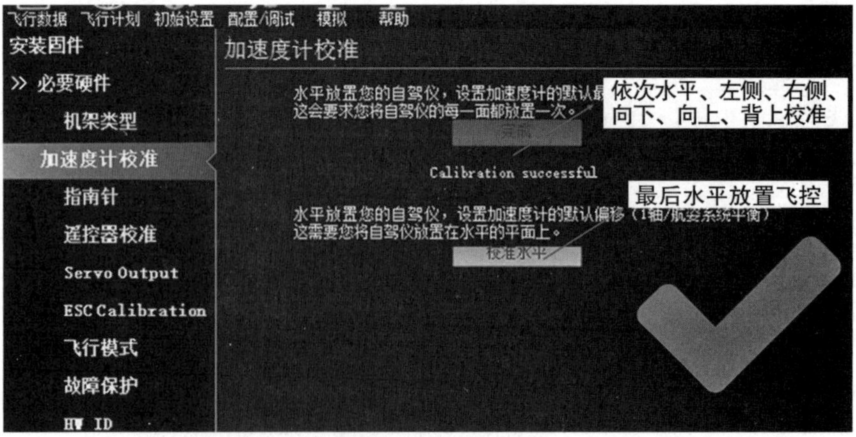

图 1-39　加速度计校准

(1) Place vehicle level and press any key：(水平放置) 完成后点击确认。

(2) Place vehicle on its LEFT side and press any key：(向左侧放置) 完成后点击确认。

(3) Place vehicle on its RIGHT side and press any key：(向右侧放置) 完成后点击确认。

(4) Place vehicle nose DOWN and press any key：(向下放置) 完成后点击确认。

(5) Place vehicle nose UP and press any key：(向上放置) 完成后点击确认。

(6) Place vehicle on its BACK and press any key：(反过来放置) 完成后点击确认。

校准水平操作是根据提示最后水平放置飞控，直至提示“Calibration successful”表示校准成功，否则重新校准。校准完加速度计后，请断开连接，再断开 USB，重新连接后开始下一项校准。

2. 指南针校准

选择指南针菜单，按图 1－40 所示完成勾选操作后，点击“开始”(Start) 按钮。注意校准指南针时请远离金属构件、喇叭等强磁性物品。校准时要求将无人机的每个面都朝上旋转 1～2 圈。具体操作步骤参考图 1－41 所示。校准过程会伴随着 2 个进度条的行进，当进度条行进完毕时校准就完成了。校准完成后要求重启飞控，重新连接 USB 后，再连接地面站，在指南针页面就能看到指南针的数据。地面站软件首页的偏移量 (deg) 数值小于 400 时，代表数值正常可用；当大于 400 时，为黄色，代表警告，数值需要重新校准；当超过 600 时为红色，代表完全不可用。

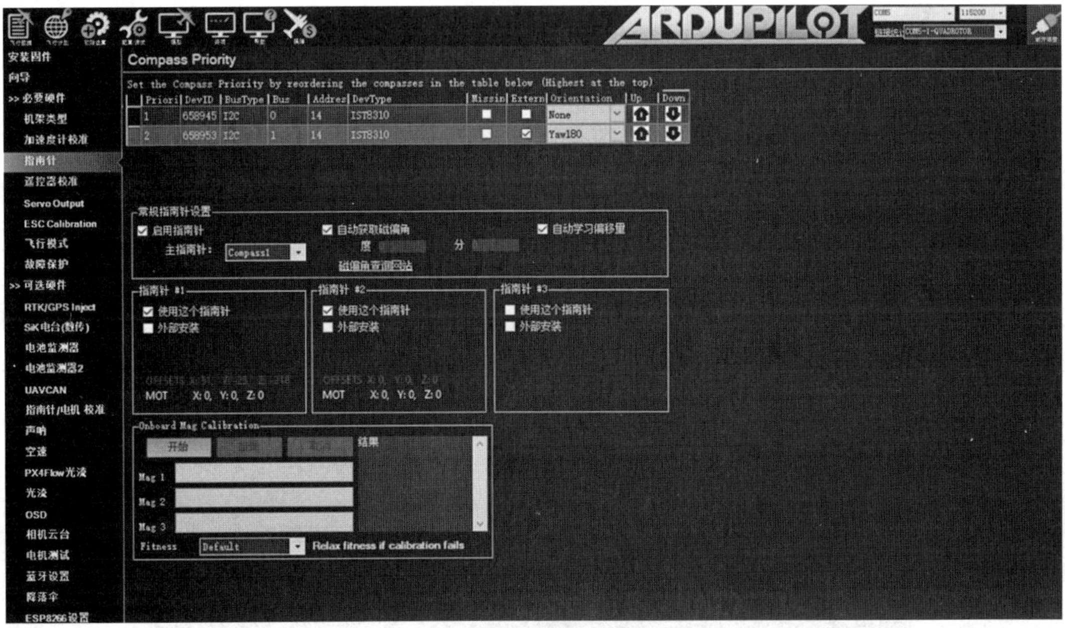

图 1－40 指南针校准

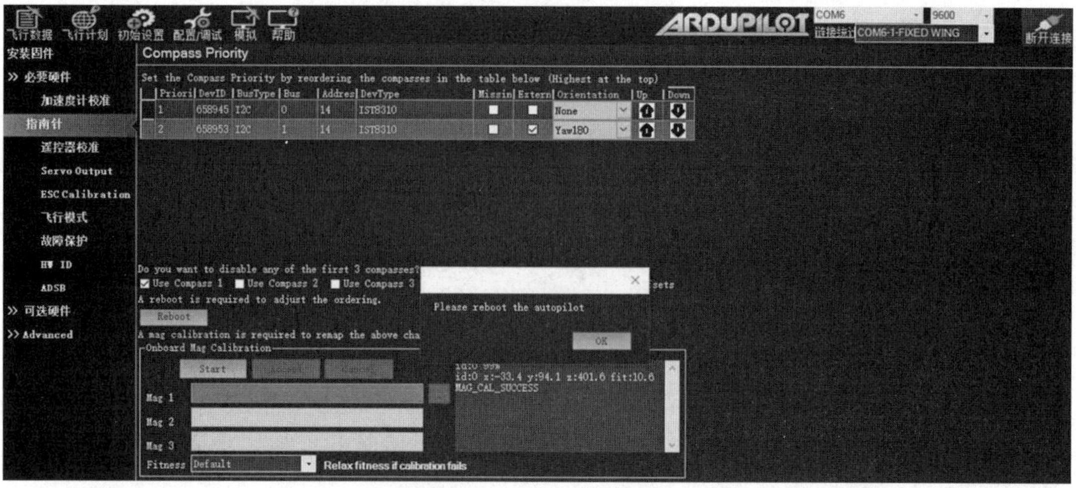

图 1-41　指南针校准步骤

3. 遥控器校准

450 四轴飞行器遥控设备装调

由于有些计算机的 USB 供电不足，因此遥控器开机后，无线信号开始传输，接收机会增加耗电量，出现以下两种情况：一是造成 PIX-HAWK 飞控供电不足，LED 大灯熄灭；二是遥控器 RX 电压不停发出警报。无人机连接电池，但是电机不要安装螺旋桨，连接电池后，电机会发出“滴～滴”的提示音，并且小幅抖动，因为电调没有接收到飞控的脉冲宽度调制（PWM）信号，先不用处理，可以进行遥控器校准。

遥控器需要进行通道行程、正反、舵量等校准，如图 1-42 所示。通道正反的判断依据如下：

（1）油门、副翼和方向舵的显示与遥控器摇杆所处位置为同向。

（2）升降舵的显示与遥控器摇杆所处位置应为反向。

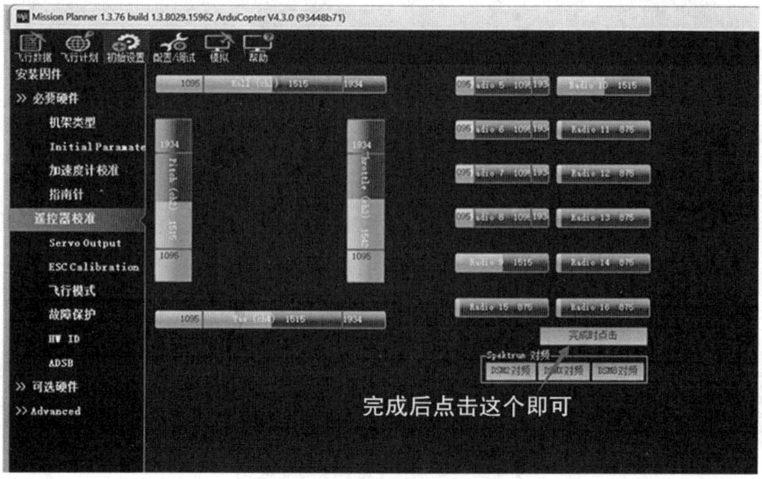

图 1-42　遥控器校准

（3）辅助通道左侧为低挡位，右侧为高挡位。

4. 飞行模式设置

无人机的飞行姿态，一方面是遥控器摇杆人为控制，比如前后、左右运动；另一方面是靠选定的飞行模式控制，保持空中定高或定点飞行。切换不同的飞行模式，无人机也就执行不同的预设动作。PIXHAWK 有多种飞行模式可以选择，但常用的一般就 6 种，加上 CH7、CH8 的辅助，最多也就 8 种。飞行模式的设置如图 1－43 所示，下面重点对飞行模式 1、4、6 进行设置。飞行模式 1 设置为自稳，飞行模式 4 设置为定高，飞行模式 6 设置为降落。

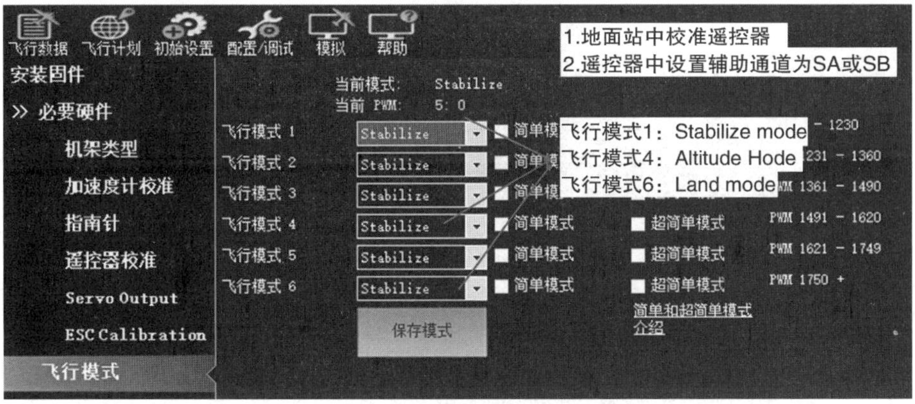

图 1－43　飞行模式设置

（1）自稳模式：是飞控的基本模式，不控制的时候，无人机的方向、俯仰和横滚由无人机保持稳定，操纵的时候直接对无人机姿态进行操作。需要注意的是，此模式是飞控姿态控制功能的基本体现，在进行所有其他模式之前，首先对此模式进行调试和试飞。起飞时，由于气流的涡旋地效，无人机离地瞬间会出现姿态紊乱现象。

（2）定高模式：当切换到此模式的时候，无人机自动保持当前飞行高度，俯仰、横滚和方向则由遥控器控制。需要注意的是，使用气压传感器来控制高度时，如果因为天气变化导致气压传感器输出发生变化，那么无人机的高度也会随之变化。

（3）降落模式：进入降落模式后，无人机从当前高度以 0.5m/s 的速度自动降落，直至判断无人机落地，自动关闭电机。在下降的过程中，无人机的俯仰和横滚可控。

5. 故障保护设置

故障保护分为两个部分设置，即遥控器和地面站。遥控器中失控保护设置为自动返航，地面站中故障保护可以对电池、油门、地面站进行设置，如图 1－44 所示。此外，还需要对返航高度进行设置，对油门行程进行校准。

6. 解锁

当完成以上校准后，解锁无人机，出现如图 1－45 所示的界面，则表示成功，否则根据具体提示重新进行校准，按照故障指示逐一排除问题。

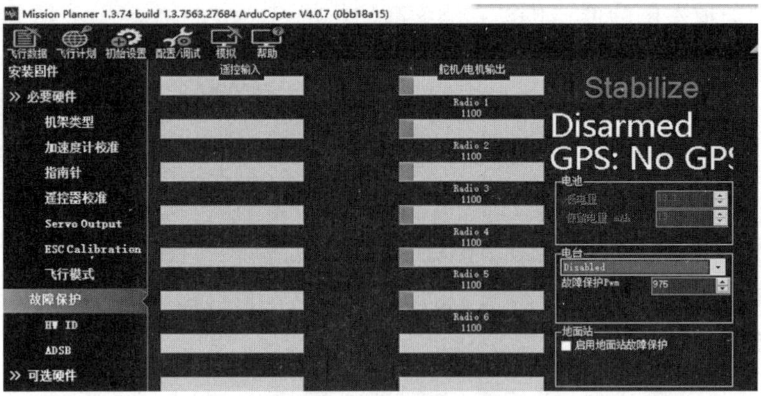

图 1－44　故障保护设置

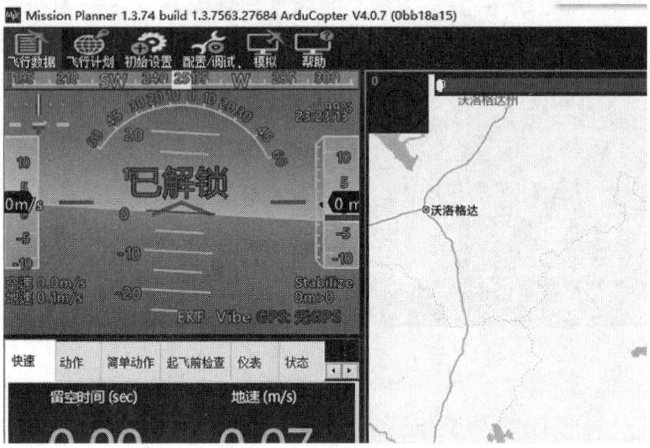

图 1－45　解锁

飞行日志的查看与分析

（五）基于地面站数据记录的无人机故障诊断分析

飞行数据记录有两种：Data flash logs 是机载数据记录，适用于飞行过后下载进行研究，对于 Copter 无人机，上电后即开始记录；Telemetry logs 是电台数据记录，通过电台记录飞行数据到 Mission Planner 地面站中。两者的数据基本一致。

1. 机械故障

机械故障通常包括 ESC 故障、电机故障或螺旋桨损坏，这些故障表现为期望的俯仰和滚转指令与测量的俯仰和滚转传感器数据间出现巨大差异，这种不一致在 Data flash logs 中体现为数据的严重分离，如图 1－46 所示。

振动分析：高频振动会引起 Copter 的加速度传感器基于高度和水平位置估计的漂移偏大，将导致高度保持不稳定或盘旋出现漂移。振动数据可以从 Data flash logs 数据的 IMU 数据中 Acc X、Acc Y、Acc Z 数据看出。水平数据 Acc X、Acc Y 的行程范围为 $-3\sim3\text{m/s}^2$，Acc Z 在 $-15\sim5\text{m/s}^2$ 范围内。正常情况下，加速度不会随着 Copter 的飞行变化而变化，可接受的振动范围如图 1－47 所示。

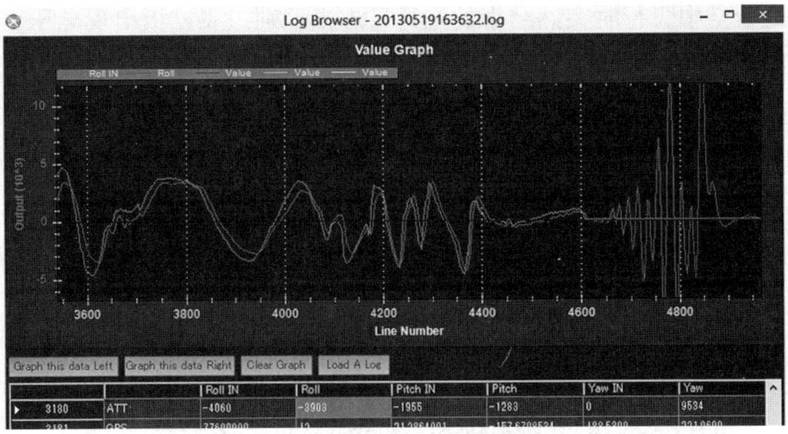

图 1-46 机械故障

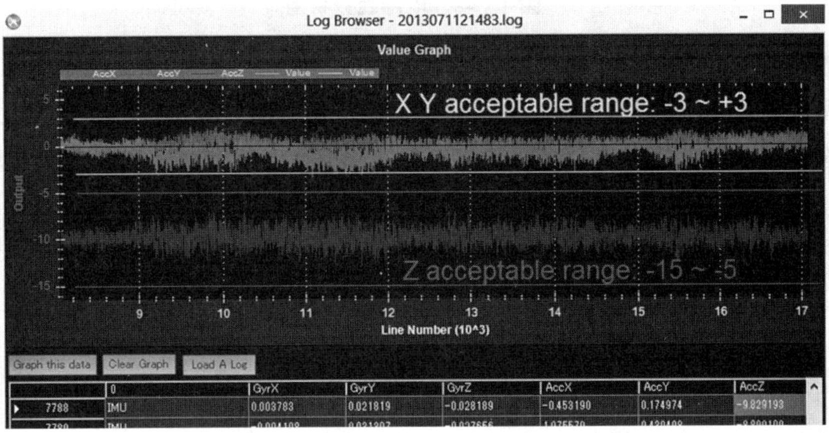

图 1-47 振动分析

2. 指南针干扰

指南针干扰通常是电源板分布导致磁场变化引起的，比如电源、电机、电调等引起的电磁场变化，可能引起指南针传感器出现问题而导致飞行方向错误，通过绘制 Tlog 中的 mag_field 和油门数据 VFR_HUD 就很容易找到问题所在。mag_field 数据在 10%～20%范围内变化，当油门（throttle）迅速拉起后，一般低于 30%的干扰都是可以接受的，30%～60%的干扰是模糊地带，也可能是允许的，如果在油门拉起后 mag_field 高于 60%，则是绝对不可接受的。

3. GPS 故障

当无人机处于 Loiter、RTL、Auto 等自动飞行模式时，GPS 产生的位置误差会导致无人机认为自己出现位置错误，并执行过激的飞行来纠正感知到的错误。这些“故障”在遥测日志和数据闪存日志中都显示为可见卫星数量的减少和相对误差（hdop）的增加。

4. 电源故障

电源模块可为飞控提供可靠的电源，但偶尔也会出现电源不足的情况。通常可以通过无人机仍处于空中飞行时突然结束的飞行日志来识别。飞控板出现电压变化也可能是电源出现故障的前兆，0.15V左右的电压变化是正常现象。无人机突然掉电的现象可以从Logs中查看，数据闪存日志中的POWER消息的VCC数据分析曲线如图1－48所示。

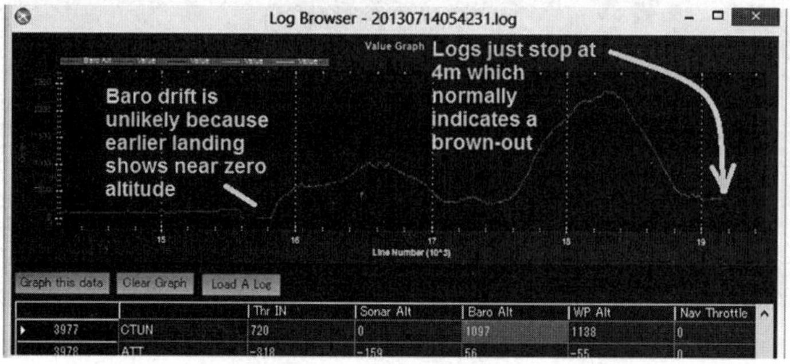

图1－48　电源线分析图

5. 未知的错误

当飞行控制器发生异常行为时，会引起失效保护模式Failsafes。有5种失效保护模式可以被激活：油门失效、GPS失效、GCS失效、电池失效和越界失效。理想的方法是在Data flash log数据第一列中过滤“ERR”，所有的ECode都在源代码文件defines. h中有说明。

二、遥控器的特点与应用

（一）遥控器简介

目前市面上无人机品类繁多，遥控器也五花八门，但是功能大体上是一致的。图1－49为市面上常见的无人机遥控器，这两款带屏幕遥控器内置了安卓系统，是一款高度整合的遥控器，功能类似于手机。有部分行业无人机机身达到了很高的防水等级，但是遥控器本身的防水、防尘等级不高，因此在使用后，需要用胶塞塞住各个数据口，做好防护。

图1－49　常见无人机遥控器

遥控器出厂默认操控方式为“美国手”，如图1－50所示为美国手与日本手操控区别。图中，美国手左摇杆控制无人机的飞行高度与方向，右摇杆控制无人机飞行的前进、后退以及左右飞行方向。日本手就是把美国手的左右手的上下方向操纵杆控制功能进行调换，左手操纵杆上下控制俯仰（多旋翼无人机中控制前进和后退），右手操纵杆上下控制油门，其他不变。

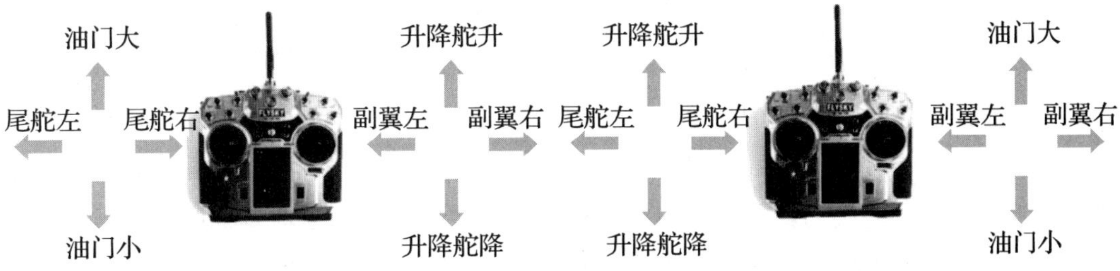

（a）美国手　　（b）日本手

图 1－50　美国手与日本手操控区别

遥控器主控面板上的 4 个控制杆分别对应油门、航向、滚转、俯仰。除了这 4 个主控制通道以外，遥控器还有其他一些控制杆或控制旋钮用于给用户自己定义。这些辅助通道原理上没有任何区别，它们通常作为无人机的一些特殊功能开关，例如对云台姿态的控制，或者是对照相机快门的控制，或者是对其他功能开关的控制等。这些辅助通道的读数会由遥控器发送给接收机，并由接收机将这些数值发送给无人机控制器，再由无人机决定这些辅助通道的控制量来控制相应功能。

（二）遥控器的通信原理

目前用于无人机遥控器的主流无线电频率是 2.4GHz，可以实现较远的通信距离，普通 2.4GHz 遥控器与接收机的通信距离在空旷的地方大约为 1km。常见的 Wi-Fi、蓝牙、ZigBee 使用的都是 2.4GHz 频率段，只不过它们采用的通信协议不同，导致其传输速率不同，所以运用的范围就不同。同样是采用 2.4GHz 频率作为载波，但不同的通信协议衍生出的通信方式会有着天壤之别，仅仅在传输数据量上，就有着从 1MB/s 到 100MB/s 的差别。

5.8GHz 频段也是无人机中常见的频段之一，同样应用于 Wi-Fi 和蓝牙通信，同时也被广泛应用于无人机图传系统。相对于 2.4GHz 频段，5.8GHz 频段的传输速率更快，但覆盖范围相对较小。

关于遥控器与无人机的通信协议也有很多种，常见的数据协议如下：

（1）PWM：需要与接收机连接全部 PWM 输出通道，每一个通道均要连接一组线，解析程序需要根据每一个通道的 PWM 高电平时长计算通道数值。

（2）PPM：按固定周期发送所有通道 PWM 脉宽的数据格式，对于一组接线，一个周期内发送所有通道的 PWM 值，解析程序需要自行区分每一个通道的 PWM 时长。

（3）SBUS：每 11 个 bit 位表示一个通道数值的协议，串口通信，但是 SBUS 的接收机通常是反向电平，连接到无人机时需要接电平反向器。大部分支持 SBUS 的飞行控制板已经集成了反向器，直接连接到飞行控制器即可。

（4）XBUS：常规通信协议，支持 18 个通道，数据包较大。串口通信有两种模式，可以在遥控器的配置选项中配置，接收机不需要做特殊配置。

（三）遥控器操作与手册查询

对于遥控器接收机的各个通道的定义，不同的遥控器是不同的，操作前需要认真阅读使用说明，不能有思维定式，以免造成安全事故。现在对于不少智能化遥控器，各通道的功能是可以自定义的，因此使用中操作人员需要严格按照手册查询中的要求操作。

FUTABA、天地飞、富斯遥控器：1 通副翼，2 通升降，3 通油门，4 通方向。

JR 遥控器：1 通油门，2 通副翼，3 通升降，4 通方向。

华科尔遥控器：1 通升降，2 通副翼，3 通油门，4 通方向。

如图 1－51 所示为天地飞遥控器各通道的默认定义。多旋翼无人机的基本通道设置与固定翼无人机相同。

符号	通道	固定翼用	直升机用
1	Ch1	副翼	副翼
2	CH2	升降舵	升降舵
3	CH3	油门	油门
4	CH4	方向舵	方向舵
5	CH5	起落架	陀螺仪
6	CH6	襟翼	螺距
7	CH7	辅助通道	辅助通道
8	CH8	辅助通道	辅助通道
9/T	Ch9	辅助通道/+5V	辅助通道/+5V

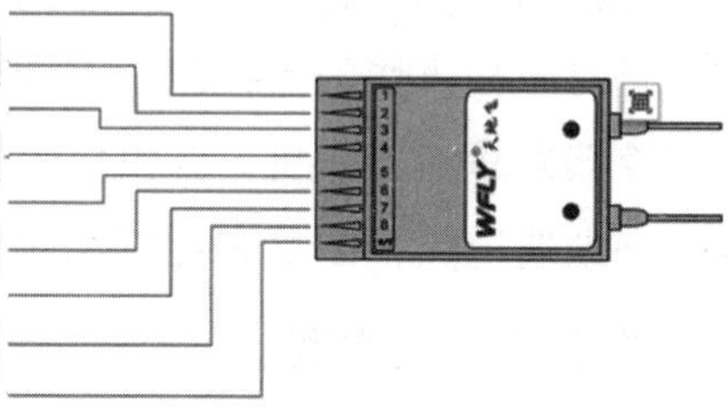

图 1－51　天地飞遥控器各通道定义

（四）遥控器功能设置

1. 通道的正反调整

由于舵机安装或飞控系统的原因，一些通道的信号有可能与实际情况相反。例如，遥控器往左转弯，实际上无人机是向右转弯的，这时需要更改过来。在无人机上进行硬件的安装更改是可以的，但更简便的方法是在遥控器上对各通道进行正反调整（也叫“倒顺调整”）。一些遥控器的正反调整采用开关来实现，拨动相应的开关，就可以使相应的通道信号反过来。一些遥控器的正反调整可以在菜单里进行设置。

多旋翼无人机由于没有舵机，看不到效果，需要配合飞控软件来进行调整。设置方式如图 1－52 所示，单击待机界面中的WFLY→通用功能→正反设置，按方向键进行设置项选择，按加减键或确认键切换模式，按返回键退出界面并保存设置。

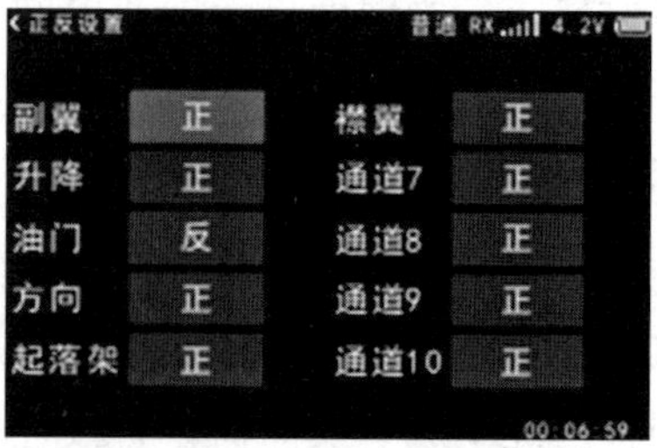

图 1－52　通道正反调整

2. 遥控器的跳频工作

2.4GHz 频段的无线电遥控设备使用了先进的跳频和数码传输技术。多个无线电设备可以采用跳频的工作方式在同一区域使用 2.4GHz 频段，遥控器和接收机具有更好的抗干扰性能。跳频就是遥控器的载波信号在 2.4GHz 的频段并不是固定的，而是不断变化的，例如开始在 2.45GHz，下一时刻跳到 2.43GHz，再一次又可能跳到 2.41GHz，随着时间的变化而不断变化。接收机要接收发射机的信号，频率也必须同步跟着跳动，因此，发射机和接收机都需要一个相同的频率跳变表，才能正常工作。这个频率跳变表，既可以预先约定，也可以在每一次的发射内容中告诉接收机。

2.4GHz 频段的无线电遥控设备的工作频率是改变的，所以遥控器和接收机要对码使用。每个遥控器有两个唯一识别码（ID），对码就是让接收机知道发射机跳频列表和识别码，这样接收机才能正确接收发射机的信号。

3. 遥控器的对码操作

对码是进行发射机与接收机匹配的操作，使两者一一对应，在接收机连接之后（至少连接电源电池），就可以进行对码操作了。发射机对码操作如图 1－53 所示，进入“参数设置”下的“高级设置”菜单项，按确认键进入“高级设置”里的“对码”界面。

接收机进行对码设置如图 1－54 所示，接收机按住“SET”键至“STATUS”指示灯慢闪，等候发射机对码指令。接收机 LED 状态指令见表 1－1，对码成功后 LED 指示灯熄灭，即可正常使用。各品牌的遥控器对码操作方式不同，但要注意以下两点：

（1）使用本功能时请确保没有任何无线遥控操作；

（2）对码必须在短距离内进行。

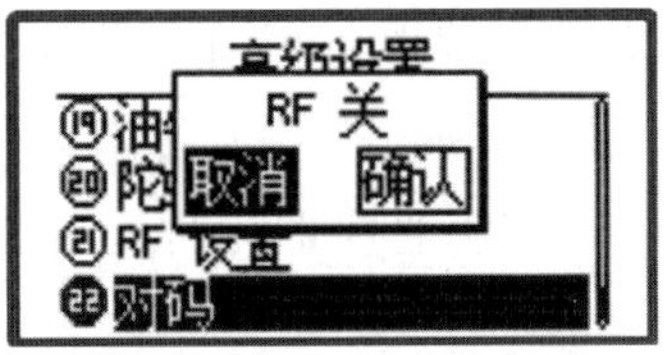

图 1－53　发射机对码操作

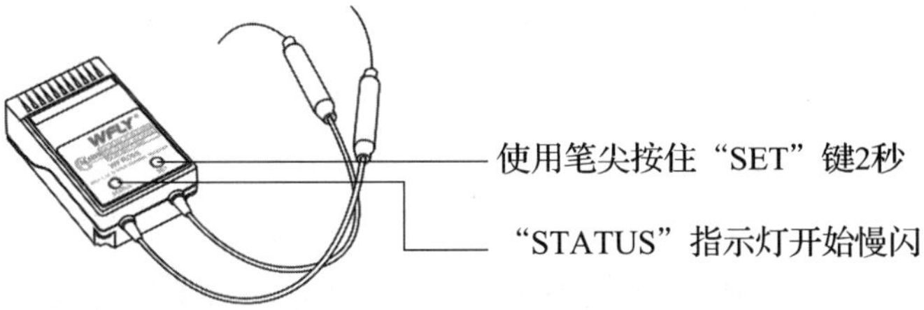

图 1－54　接收机对码操作

表 1－1　接收机 LED 状态指令表

工作模式	LED	动作	状态
工作	绿色	常亮	W. BUS 模式工作正常
	蓝色	常亮	PPM 模式工作正常
	红色	常亮	无信号
	红色	慢闪	低电压
	橙色	慢闪	对码
设置	绿色	慢闪	W. BUS 模式
	蓝色	慢闪	PPM 模式

（五）遥控器维护保养

无线电波在传输过程中可能受到干扰或数据丢失等问题，当接收机无法接收到发射器的数据时，通常会进入保护状态，也就是仍旧向无人机发送控制信号，此时的信号就是接收机收到遥控器发射器最后一次的有效数据。因为信号丢失而发送的保护数据通常叫作 Failsafe 数据。在使用无人机遥控器的过程中，用户需要结合使用说明书正确使用，也需要在使用过程中做到以下几个方面的维护保养以延长遥控器的使用寿命：

（1）无人机往往需要在户外飞行，因此遥控器也需要具备防水功能。在使用过程中尽量避免让水进入遥控器内部，同时也可以选择带有防水套的遥控器。

（2）避免让遥控器受到强烈的振动或从高处跌落，以免影响内部构件的精度。

（3）注意检查遥控器天线是否有损伤，以及遥控器的挂带是否牢固。

（4）在使用或存放过程中，尽量不要“弹杆”。

（5）检查遥控器的各个接口处是否有异物或接触不良的情况。

（6）注意遥控器的电量。在飞行前一定要注意遥控器的电量，如果电量不足，就不能保证遥控器的正常运行。因此，一般情况下，遥控器的电量应该在 30%以上。同时，在飞行中也要通过遥控器显示屏及时关注电量变化情况，确保遥控器的电量充足。

（7）遥控器在运输过程中，需要将天线收拢，以免折断。

（8）在使用遥控器时，由于手部出汗等原因，容易导致遥控器表面沾染污垢，因此在使用完毕后，需要检查天线，用干净柔软的布或棉签蘸取少量酒精擦拭表面，确保没有污渍后再存放。

（9）不要在潮湿、高温的环境下使用或放置遥控器，否则会使遥控器内部元件损坏，或者加速遥控器内部元件的老化，还会造成外壳变形。

（10）若长时间不使用遥控器则需要取出电池，电量应保持充足，单独存放，遥控器要存放在包装盒内。

（11）当出现操作不灵或其他异常情况时，可以尝试通过重新启动或者更换电池等方式进行故障排除。如果问题无法解决，则可以查看遥控器的说明书或联系售后服务人员。

（六）常见问题解决方案

（1）遥控器和无人机正常通电后，正常解锁动作无法解锁，无人机无任何反应。

1）问题原因：

①遥控器未进行校准，导致解锁动作杆量未到达指定值。

②遥控器未与接收机进行对频操作，遥控器无法控制无人机。

③接收机与飞控接线有松脱或虚接，没有供电。

2）解决办法：

①飞控连接地面站，进入遥控器校准步骤，进行遥控器校准，将所有摇杆尽可能拨到最大行程量。

②起飞前检查遥控器上的信号指示灯，确认遥控器与接收机已经对频成功。

③起飞前进行接线检查，确认接收机的供电线无松脱或虚接。

（2）无人机正常起飞后，应该推杆向前，拉杆向后，左、右副翼向相应方向平移，但是实际起飞后，所有杆的方向都是相反的，甚至在起飞阶段就因为舵面反向而侧翻。

1）问题原因：

①遥控器内部行程设置反向。

②放置无人机时，无人机头尾放反。

③安装飞控时，飞控指向安装错误，箭头指向尾部。

2）解决办法：

①重新校准遥控器。

②放置无人机时，注意分清头尾。

③安装飞控时，分清头尾，将飞控箭头指向机头。

任务练习

1. 说出地面站的调试步骤。

2. 遥控器在使用过程中有哪些注意事项？

工匠精神

1. 具有地面站调试、遥控器维护的专业技能。

2. 具有“透过现象看本质”的探究精神。

项目小结

本项目主要学习无人机维护所需工具的相关知识和使用方法，包括掌握常用机械类、电工类和专用工具的名称及用法，地面站和遥控器的设置、校准等。通过学习本项目内容，学生可以系统掌握无人机维护所需的工具知识，并在保证安全的前提下，熟练完成无人机日常维护工具的选择与使用。

课证融通

本项目内容与无人机检测与维护职业技能等级证书相融通部分详见表1－2～表1－4。

表 1-2　无人机检测与维护职业技能等级要求（初级）

工作领域	工作任务	职业技能要求
维护维修工作准备	维护维修工作单使用	能按照工作单了解无人机机械与电子连接方式
		能正确填写无人机维护维修工作单
		能按照维护维修工作单准备相关工具
	维护维修安全防护	能按照作业要求穿戴劳动防护用品
		能按照规范要求安全用电
		能安全使用维护维修工具
	维护维修档案使用	能按照维护维修程序记录维护维修档案
		能按规范要求保存档案
航前准备与检测	系统拆装与连接	能将无人机组件拆解并装箱运输
		能安装与紧固电池
		能依据操作规范，完成遥控器对频
		能连接无人机与超视距控制站
机械维修维护操作	机械专业工具使用	能使用手锯切割管材与板材
		能使用手电钻安装不同尺寸的钻头打孔
		能使用量具测量零件尺寸
	紧固件施工	能正确识别工具并进行防松连接
		能针对不同材料使用正确的黏结剂进行黏结
	部件、零件的识别与拆装	能判断图纸规格并判断零件配合类型
		能对多旋翼无人机的关键部件进行拆装更换

表 1-3　无人机检测与维护职业技能等级要求（中级）

工作领域	工作任务	职业技能要求
电子维护维修操作	电子电气相关仪表或工具的使用	能使用万用表测量电压、电流与电阻
		能使用信号发生器设置预定脉宽的 PWM 信号，并做实时增减操作
		能使用单通道数字电源，调整输出电压，并做电流保护
	电路防护	能使用万用表找出电路板焊点中相互短路或断路的点
	电子设备识别与拆装	能使用风枪及烙铁进行焊接拆卸
	插头拆装	能识别航空插头虚焊的插针，使用专用工具拆卸
		能进行串口插头的焊接与绝缘操作
		能不损坏插针进行杜邦插头的壳体更换

表 1－4　无人机检测与维护职业技能等级要求（高级）

工作领域	工作任务	职业技能要求
电子电气维护维修	电子电气故障隔离与排除	能对飞行器与地面站连接不通的异常进行分析及故障排除
		能对图传地面无图像的异常进行分析及故障排除
		能对无人机飞控地面自检不通过的异常进行分析及故障排除
	地面站软件调试	能对提供的地面站日志数据进行分析

项目实训

一、实训地点

无人机制造实训中心，需要有电工焊接类工具，如万用表、烙铁、直流稳压电源及实训桌等。

二、实训设备

（1）实训所需工具设备见工卡 1；

（2）实训电路板为 LED 流水灯贴片焊接板，元器件如图 1－55 所示；

（3）实训焊接工位展示如图 1－56 所示。

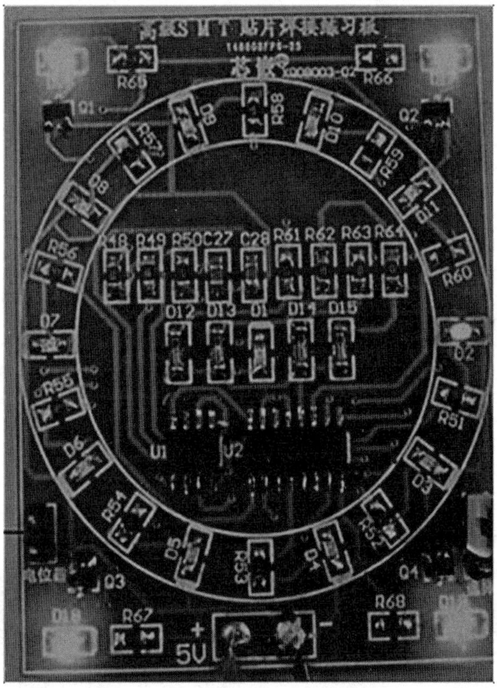

图 1－55　实训电路板效果图

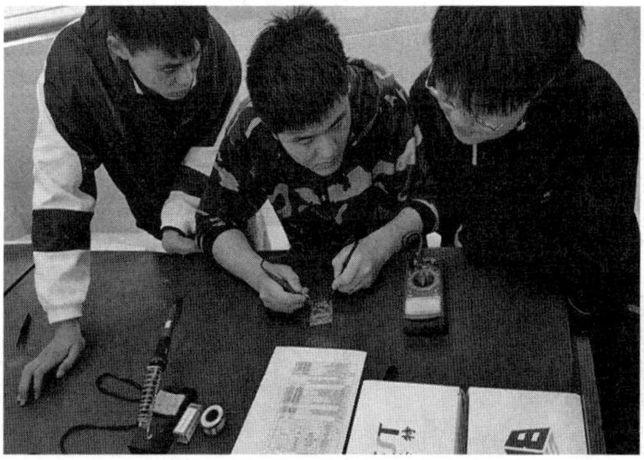

图 1－56　实训焊接工位图

LED 流水灯焊接板的焊接

三、实训过程

（一）实训流程

流程一：教师进行实训前“6S”管理说明及安全教育。

流程二：班长组织学生进行分组，选取组长，并将分组情况汇总交给老师。

流程三：各组长领取实训工卡 1，确定实训内容，领取实训所需工具，并清点下发的实训耗材。

流程四：各组按照制定的实训步骤进行实训操作。

流程五：各组长汇报实训结果，进行课堂讨论。

流程六：教师验收实训结果，并打分。

流程七：整理实训室台面。

（二）实训内容

工卡 1

LED 流水灯贴片焊接实训工卡

工卡标题	LED 流水灯电路板的焊接				
机型	N/A		工种	无人机装调检修工	
机号			工作区域	无人机制造实训中心	
版本	R0		工时	50min	
编写/修订		指导教师		操作人员	
日期		日期		日期	
参考文献	《电路板焊接通用工艺规范》				
注意事项	1. 注意用电安全。 ◆ 进入实验室，首先接触放电手柄，将人体静电释放，防止击穿电子元器件。 ◆ 不用潮湿的手接触带电设备。 ◆ 电源裸露部分应有绝缘装置（例如，电线接头处应裹上绝缘胶布）。 ◆ 不能用试电笔去试高压电。使用高压电源应有专门的防护措施。 ◆ 实验时，应先连接好电路，教师检查无误后方可接通电源。实验结束时，先切断电源再拆除线路，离开实验室时切断所有电源。 ◆ 如有人触电，应先迅速切断电源，然后进行抢救。 2. 整理实训台面，工具、配件不能丢失，应按照实训室“6S”标准摆放整齐。 3. 熟悉万用表、示波器等设备操作手册，按照规范要求操作仪器设备。 4. 电烙铁温度一般设置在 400℃左右，烙铁头时刻挂锡，防止氧化损坏烙铁头。 5. 烙铁不使用时要放于烙铁架上，防止烧坏其他物品；电烙铁长时间不用时，要切断电源。 6. 电烙铁每个焊点的焊接时间应在 2 秒内，不能过长时间加热焊盘。 7. 电阻阻值标识规律：471—470Ω；103—10kΩ；205—2MΩ。 8. 电容容值标识规律：4P7—4.7pF；104=10×10^4pF=0.1μF。 注意：1F=10^6μF=10^9nF=10^{12}pF。				

注意事项

9. 辨识芯片第一引脚。

豁口方向，标注有点的为第一脚，对应焊接到线路板的相应位置。

10. 辨识贴片开关二极管 IN4148 的正负极。

红色一端为正极，黑色一端为负极，焊接时需要格外注意。

11. 辨识贴片发光二极管的正负极。

12. 辨识有极性电容的正负极。

钽电容

标称容量：22μF　　22^6pF=22000000pF=22μF

V：耐压35V

极性：正（+）

钽电容字母与电压对照：

E	G	J	A	C	D	E	V	T
2.5V	4V	6.3V	10V	16V	20V	25V	35V	50V

工量具/设备

类别	名称	规格型号	单位	数量	领用员	归还员
工量具	电烙铁	DELIXI - 50W	个	1		
	剥线钳	JRF - CSP - 501	把	1		
	镊子	ESD - 10	把	1		
	斜口钳	3.5 英寸/5 英寸	把	2		
	吸焊器	DS - 331	个	1		
	数字式万用表	UT56	个	1		
设备	焊接工位		个	1		
	PCB 主板	双面	48×60	1		
	电源设备	5V	个	1		

材料						
类别	名称	焊位	规格	数量	封装	标识数字
焊接材料	贴片电容	C27，C28	0.1μF	2	0805	
	贴片 LED	D1，D2，D3，D4，D5，D6，D7，D8，D9，D10，D11	红 LED	11	0805	
	贴片 LED	D16，D17，D18，D19	蓝 LED	4	0805	
	贴片二极管	D12，D13，D14，D15	IN4148	4		
	贴片三极管	Q1，Q2，Q3，Q4	S8050	4	SOT-23	
	贴片电阻	R48，R61，R62，R63，R64	10K	5	0805	
	贴片电阻	R49	2M	1	0805	
	贴片电阻	R50，R51，R52，R53，R54，R55，R56，R57，R58，R59，R60，R65，R66，R67，R68	470Ω	15	0805	
	贴片 IC	U1	NE555	1	SO-8	
	贴片 IC	U2	CD4017	1	SO-16	
辅助材料	排针	DIP5 针		1	2.54 间距	
	跳线帽	选择端	两位	1		
	喇叭			1		
	电位器		1M	1		
	MINI 面包板			1		
	杜邦线			2		
1. 工作任务					工作者	检查者
（1）正确使用电烙铁，练习电路板的焊接；						
（2）正确使用测量工具完成以上电路板的检测。						
2. 工作准备					工作者	检查者
（1）检查测量仪器的有效性，确保其在有效期内；						
（2）准备好各个工具；						
（3）选择有效的技术文件；						
（4）按照材料表核对材料的种类和数量是否齐全；						
（5）测量器件的好坏，如有损坏应及时更换；						
（6）看懂操作步骤，如有疑问及时请教指导教师。						

<table>
<tr><td colspan="2">3. 工作步骤</td><td>分值</td><td>得分</td></tr>
<tr><td rowspan="7">实训要求</td><td>(1) 完成实训器件的清点、保存；</td><td>10</td><td></td></tr>
<tr><td>(2) 正确使用电烙铁、镊子、助焊剂等工具完成焊接；</td><td>30</td><td></td></tr>
<tr><td>(3) 正确制作电源接头；</td><td>5</td><td></td></tr>
<tr><td>(4) 正确使用万用表检测电路板；</td><td>10</td><td></td></tr>
<tr><td>(5) 正确使用直流稳压电源输出 5V 电压；</td><td>5</td><td></td></tr>
<tr><td>(6) 实现电路板 LED 流水灯交替闪烁；</td><td>20</td><td></td></tr>
<tr><td>(7) 快速解决电路板出现的各种问题。</td><td>20</td><td></td></tr>
<tr><td rowspan="2">实训操作步骤</td><td rowspan="2"></td><td>工作者</td><td>检查者</td></tr>
<tr><td></td><td></td></tr>
<tr><td>实训操作心得</td><td></td><td></td><td></td></tr>
<tr><td colspan="2">4. 工作结束</td><td>工作者</td><td>检查者</td></tr>
<tr><td colspan="2">(1) 清点工具</td><td></td><td></td></tr>
<tr><td colspan="2">(2) 清扫现场</td><td></td><td></td></tr>
<tr><td colspan="4">5. 问题反馈</td></tr>
</table>

（三）实训成果验收

（1）教师对最先完成的小组进行功能验证、打分细则说明；

（2）教师对第一小组存在的问题进行指导，焊接调试，最终完成功能要求的任务；

（3）第一完成小组对第二完成小组进行功能验证、故障检测和维护维修，直到实现预期功能，以此类推，实现组间互评；

（4）教师让各小组进行组内人员自评、排序、打分，填写成绩表（见表1-5）。

表1-5 成绩表

组别	姓名	组内自评×30%	组间验收×50%	导师评价×20%	综合
1					
2					
3					
…					

课后习题

一、单选题

1. 下列哪类工具不属于无人机维护中使用的机械类工具？（　　）

A. 钳口工具　　　　B. 裁剪切割工具

C. 紧固工具　　　　D. 焊接工具

2. 下列说法不正确的是（　　）。

A. 允许使用尖嘴钳装卸螺母，夹持较粗的硬金属导线及其他硬物

B. 使用钳子前应注意检查绝缘套管是否完好，以免触电危险

C. 不可将钳子当锤子使用，以免道口错位影响正常使用
D. 使用钳子要量力而行，切忌在切不断的情况下不断地扭动钳子

3. 50分度游标卡尺的精度是（　　）。
A. 0.01mm　　B. 0.02mm　　C. 0.05mm　　D. 0.1mm

4. 下列不属于无人机维护专用清洁工具的是（　　）。
A. 罐装压缩气体　　B. 无人机螺距尺
C. 超细纤维布　　D. 异丙醇清洁剂

5. 下列说法不正确的是（　　）。
A. 螺丝刀有一字形和十字形
B. 一般螺丝钉的螺纹是正螺纹，顺时针为拧入，逆时针为拧出
C. 在带电场合作业时，螺丝刀的金属杆上要套上绝缘套，以免发生触电事故
D. 可将活扳手当撬杠和锤子使用，可用钢管接长柄来施加较大的力矩

6. 下列关于维护工具万用表使用的说法，错误的是（　　）。
A. 万用表按显示的方式不同，可分为指针式和数字式
B. 万用表可以测量交、直流电的电压和电流
C. 万用表的二极管蜂鸣挡报警表示开路
D. 万用表使用时不知道被测电量范围值时，选择挡位应由大到小

7. 下列关于地面站特点描述错误的是（　　）。
A. 人性化界面设计　　B. 6种航点转弯模式可选
C. 遇险自动返航/一键返航　　D. 全自主起飞/降落

8. 下列关于日本手操作的说法正确的是（　　）。
A. 左手控制的是油门和副翼，右手控制的是方向和升降
B. 左手控制的是油门和方向，右手控制的是副翼和升降
C. 左手控制的是方向和升降，右手控制的是油门和副翼
D. 左手控制的是副翼和升降，右手控制的是油门和方向

9. 以下不属于引起遥控器上ALARM灯亮/闪的原因是（　　）。
A. 低电压报警　　B. 特技开关开启报警
C. 油门锁定被打开　　D. RF设置为关

10. 以下不属于引起遥控器上蜂鸣器报警的原因是（　　）。
A. 低电压　　B. 特技开关打开
C. 油门锁定被打开　　D. 机型选择错误

11. 用下列哪个方式无法解决无人机无法解锁的问题？（　　）
A. 观察遥控器报警　　B. 观察地面站
C. 搜寻随机手册　　D. 观察无人机姿态

12. 无人机维护时地面站提示INS not calibrated代表的含义是（　　）。

A. 遥控器没有校准　　B. 加速度计没有校准

C. 指南针没有校准　　D. 陀螺仪没有校准

13. 下列遥控器适合远距离作业的是（　　）。

A. FUTABA 遥控器　　B. 天地飞遥控器

C. 思翼遥控器　　D. 乐迪遥控器

14. 以下数据在地面站端显示误差较大的是（　　）。

A. 无人机飞行时长　　B. 无人机相对高度

C. 无人机地速　　D. 电池剩余电量百分比

15. 地面站界面中的 AETR 分别对应（　　）通道。

A. 副翼、升降、油门、方向舵　　B. 副翼、油门、升降、方向舵

C. 方向舵、油门、升降、副翼　　D. 方向舵、升降、油门、副翼

二、判断题

1. 螺丝胶一旦隔绝空气就迅速聚合变成交联状的固体聚合物，“厌氧”是指这种胶使用时需要氧气凝固。（　　）

2. 用游标卡尺测量某零件内孔尺寸为 12.07mm。（　　）

3. 美国手的油门和方向在左边，副翼和升降在右边。（　　）

4. 无人机遥控器美国手改日本手只需要更换回弹、阻尼模块。（　　）

三、填空题

1. 无人机维护常用的电工类工具有：测电笔、________、________、________、________、热熔胶等。

2. 垂直起降固定翼无人机执行航测任务时，飞行前维护工具主要有螺丝刀、梅花扳手、________、________等。

3. 消防无人机每次经过摔机、颠簸运输后，需要将无人机放在水平地面上，然后使用________对机身、机臂、电机和起落架等进行水平校准。

4. 遥控器增程一般是将频率由________ GHz 改为________，并________功率。

5. 20 分度游标卡尺的分度值是________。

6. 游标卡尺可以用来测量物体的________、________、________等。

7. 助焊剂比较关键的作用有两个：一是________，二是________。

四、简答题

1. 请介绍常见的钳口工具及其用途。

2. 请介绍常见的裁剪切割工具及其用途。

3. 请介绍常见的紧固工具及其用途。

4. 请介绍游标卡尺及其用途。

5. 使用测电笔有哪些注意事项？

6. 请简述万用表的用途。
7. 简述万用表量程选取和使用的注意事项。
8. 使用电烙铁有哪些注意事项?
9. 请简述桨叶动平衡机的用途。
10. 请介绍螺距尺及其用途。
11. 举例介绍在无人机的组装与维护过程中常用的配件。
12. 简述电烙铁与焊台使用的注意事项。

项目 2 无人机机体结构维护

学习目标

知识目标

（1）掌握多旋翼、固定翼和无人直升机机体结构的特点。

（2）掌握不同应用场景下无人机机体结构维护方法。

（3）掌握无人机机体结构装调、检修流程与要点，能够快速制定相应方案。

技能目标

（1）能够熟练使用无人机维护工具完成多旋翼、固定翼和无人直升机机体结构组装、调试与维护。

（2）能够熟练针对不同应用场景、应用环境，制定不同机型无人机的维护方案。

（3）能够树立严谨的学习态度，掌握扎实的专业技能。

素质目标

（1）能够掌握无人机的机体结构、工作原理等专业知识，拓宽专业视野。

（2）能够掌握无人机机体结构维护、检测等技术技能，提高工作效率和质量，增强实际动手和解决问题的能力。

（3）能够养成持之以恒的学习精神、严谨勤奋的工作习惯。

学习导图

- 无人机机体结构维护
  - 多旋翼无人机机体结构维护
    - 知识
      - 多旋翼无人机机体结构材料
      - 多旋翼无人机机体结构作用
      - 农业植保、消防救灾等场景下的机体维护要点与方法
      - 无人机机体检测思路与方法
      - 无损检测仪器与方法
    - 技能
      - 能按照飞行手册完成多旋翼机身完整性检查
      - 能对多旋翼无人机的关键部件进行拆装、更换、修补
      - 能根据需求完成机体复合材料部件的切割、黏结以及打磨操作
      - 能对多旋翼无人机进行机体结构组装、调试与维护
      - 能正确识别工具并进行机体结构防松连接
    - 素质
      - 培养透过现象看本质的探究精神
      - 培养合作意识和团队精神
  - 固定翼无人机机体结构维护
    - 知识
      - 固定翼无人机机体结构功能与分类
      - 固定翼无人机机体结构材料认识
      - 固定翼无人机机体结构的维护方法
    - 技能
      - 能按照固定翼无人机机体结构的不同材质进行维护
      - 能按照固定翼无人机机体结构的不同使用阶段进行维护
      - 能完成机翼与翼面舵机的拆装
      - 能按照工作单了解无人机机械连接方式等
    - 素质
      - 培养严谨求实的“6S”职业素养
      - 培养不断尝试的探索创新精神
  - 无人直升机机体结构维护
    - 知识
      - 无人直升机机体结构认识
      - 无人直升机机体结构的维护与保养方法
    - 技能
      - 能正确识别与检查机体的复合材料部件
      - 能对机身、机臂、起落架等结构进行水平校准、重心调整
    - 素质
      - 培养动手能力，激发学习潜能
      - 培养勇于担当的责任意识

任务 1 多旋翼无人机机体结构维护

任务描述

小张刚从学校无人机应用技术专业毕业，来到一家无人机行业应用公司上班。他从仓库申请领取了一套多旋翼无人机。在进行不同任务作业前后，他该对无人机机体结构进行哪些方面的维护检修呢？作为本专业的学生，请你结合所学专业知识帮他制定不同

工作场景中的维护思路。

任务目标

1. 掌握多旋翼无人机机体结构特点与维护方法；
2. 能够熟练使用无人机常用工具完成多旋翼无人机结构组装、调试与维护。

知识准备

一、无人机机体结构介绍及常见故障

（一）多旋翼无人机机体结构认识

1. 无人机机体结构材料

无人机的主要结构部件包括机身、机翼、尾翼等，这些部件需要具备足够的强度和刚度，以保证无人机在空中飞行的安全性和稳定性。无人机机体结构材料常见有金属材料和非金属材料。

（1）金属材料。

常见的高强度金属材料包括铝合金、钛合金、不锈钢等，它们具有高强度、高刚度、耐腐蚀等优点，在无人机的机身和机翼等部件中得到广泛应用。

（2）非金属材料。

与传统材料相比，复合材料具有重量轻、强度高、刚度好、抗疲劳性能强等优点，因此在无人机领域得到了广泛应用。复合材料由纤维增强材料和基体材料组成，其中纤维增强材料主要有碳纤维、玻璃纤维、芳纶纤维等。在无人机的机翼、尾翼和机身等结构中，复合材料能够起到减轻重量、增加强度、提高机身刚度等功效。

在众多的复合材料中，碳纤维是一种具备极高强度和刚度的新型材料，其密度只有铝的 1/4，强度却是铝的 2 倍以上，因此被广泛应用于无人机的核心部件设计中，如机翼、螺旋桨等。其优点在于重量轻，但是只有在高负载下才能发挥出其最佳的强度。碳纤维制成的无人机具有更好的机动性能和隐身性能。

综上所述，无人机的材料需要具有高强度、高刚度、耐腐蚀、轻质等特性。高强度金属、复合材料、碳纤维等是目前无人机常用的材料，它们在无人机的结构设计中发挥着至关重要的作用。

2. 无人机机体结构的作用

（1）提供安装接口；

（2）提供整体稳定和坚固的平台；

（3）轻量化，减少油耗；

（4）提供相应的保护装置。

3. 无人机机体结构维护对象

（1）维护的直接对象：机身、机臂、起落架等支撑结构。

（2）维护的间接对象：农业植保、航空测绘、环境监测、警用消防、电力巡检等不同应用场景需求下的性能。

（二）无人机机体的常见故障

1. 脚架故障

无人机脚架的故障主要表现有疲劳断裂和弹性不足两种，主要体现在起飞和着陆阶段。

无人机起飞时，如果发生无人机无法离地或者无人机起飞后立刻向某一个方向高速运动，但是油门加大后能够摆平的现象，可能是脚架受损导致脚架不平或脚架安装不平导致的。当无人机脚架一部分先离开地面，有一个点还未离地时，无人机会向这个点偏移，这个点上存在一个横向的摩擦力，会影响无人机的运动。当无人机处于自主增稳模式时，这个方向上的拉力会增加，但实际上此时的无人机是倾斜的，越增加这个方向上的拉力，无人机倾斜得越厉害。因此在无人机出现无法离地的情况时，要检查脚架是否有机械结构方面的损伤，检查无人机起飞的地面是否水平，检查脚架是否水平安装。

无人机降落时，如果速度过快或脚架弹性过硬，则容易出现持续弹跳的情况，这是因为无人机降落时先触地压缩脚架，但冲力过强而超出脚架吸收限度，使无人机反弹上升，在脱离地面后，飞控系统判断未完成降落，会维持原来的飞行姿态。由于脚架有一点先触地，因此弹起时无人机会呈现倾斜状态，此后加大油门使其水平，但高度已经升高，再次降落重复此过程时会致使弹跳持续。为解决此类问题，无人机降落时需要检查脚架软硬度，通过更换软材料、降低下降速度或调整降落参数能够有效减小下降的冲力，避免弹跳现象。

2. 机身故障

无人机机身故障通常是因为机身内各设备互相干扰所致，这类故障通常表现为各种异常动作或声音。例如，推油门时部分电机转速突变，飞行控制系统无故报警或听到螺旋桨打线等异常声音。出现这些情况时，一是检查整个机身与设备的布线是否存在错误，二是检查所有导线的接头是否与机身或螺钉接触。

3. 机臂故障

很多小型无人机在安装碳纤维管机臂结构时易出现安装偏差。如果大部分机臂偏向同一方向，那么无人机起飞后会自旋，这时飞行控制系统很难控制无人机的飞行姿态正常。机臂偏向不同方向时，飞控能够依靠自身调节控制自旋飞行，但是依靠飞控控制无人机进行正常航向飞行很难实现。因此在安装无人机时需要检查机臂的装配位置，同时手动检查机臂安装强度，可以通过手动施压，感受各机臂之间的差异来判断机臂是否有损伤。

植保机
副机臂更换

4. 设备安装故障

无人机上的设备主要是通过减震器、螺丝和双面胶进行安装的，其中飞行控制系统和云台对设备的稳定性要求最高。

无人机飞行控制系统安装不当主要表现为飞行中出现振动、电机声音出现阶段性明显变化、螺旋桨声音出现高速抽动等。在飞行出现以上情况时，首先需要检查飞行控制系统数据中的振动值是否超标，如果超标就要检查飞行控制系统固定得是否可靠，如果固定得可靠，则需要更换软硬度更合适的减震器来减小振动。如果飞行控制系统安装正常但仍出现大幅振动，则可能是重量匹配问题，可以通过调整飞行控制系统本体配重来解决。

云台安装不当主要表现为因云台振动导致的图像不清晰或果冻效应。可以在安装时，检查固定螺丝是否拧紧以及减震器软硬度是否匹配等。

二、不同应用场景下的机体维护

（一）农业植保场景下的机体维护

农业植保无人机在农田药物喷洒施肥、农田灌溉、农作物播种及农业信息监测等领域均有其用武之地。农业植保无人机在平时的使用中，很容易受药液腐蚀，此时要做好金属防腐，通过加涂漆层、电化学保护、日常的擦拭等多种方法保持机体干净。同时，也要根据机体防护等级进行机体维护，级别越低，维护越要及时，越要注意环境，加强日常维护，避免出现使用故障。机体防尘、防水等级如图 2-1、图 2-2 所示。

0—无防护
1—防直径为50mm甚至更大的固体颗粒物物体尖端或50mm直径的固体颗粒物不能完全穿透
2—防直径为12.5mm甚至更大的固体颗粒物物体尖端或12.5mm直径的固体颗粒物不能完全穿透
3—防直径为2.5mm甚至更大的固体颗粒物物体尖端或2.5mm直径的固体颗粒物完全不能穿透
4—防直径为1mm甚至更大的固体颗粒物物体尖端或1mm直径的固体颗粒物完全不能穿透
5—灰尘防护：并不能完全防止尘埃进入，但不会达到妨碍仪器正常运转及降低安全性的程度
6—灰尘禁锢：尘埃无法进入物体，整个直径不能超过外壳的空隙

图 2-1　防尘等级

0—无防护
1—防垂直下坠的水滴：垂直下坠的水滴不会造成有害影响
2—当外壳翘起可达15°时防垂直下坠的水滴：当外壳在任何垂直一侧以任何角度翘起不超过15°时，垂直下坠的水滴不会造成有害影响
3—防水雾：在任何垂直一侧以任何不超过60°的角度喷雾不会造成有害影响
4—防泼水：对着外壳从任何方向泼水都不会造成有害影响
5—防喷水：对着外壳从任何方向喷水都不会造成有害影响
6—防强力喷水：对着外壳从任何方向强力喷水都不会造成有害影响
7—防短时浸泡：常温常压下，当外壳暂时浸泡在1米深的水里将不会造成有害影响
8—防持续浸泡：在厂家和用户都同意，但是条件比较严酷的条件下，持续浸泡在水里将不会造成有害影响

图 2-2　防水等级

农业植保无人机易受水、尘和温度的影响，所以要避免长时间光照，避免长时间在高温、高光照条件下作业，需要在阴凉干燥处存放，使用后注意检查机体是否有光老化等现象。

农业植保无人机机体负载重量过大，则会使其受力集中，影响其结构性能和力学性能。所以在使用中要注意避免药液、负载超重，悬挂负载时，注意找准位置，维持机体水平，使用前、中、后注意检查机体有无裂纹、断裂、弯曲等现象。维护清洗操作如图 2-3 所示。

图 2-3 农业植保无人机维护清洗操作

（二）消防救灾场景下的机体维护

消防救灾场景下常使用多旋翼无人机进行侦查，固定翼无人机进行灾害地质勘测、物流运输，复合翼无人机进行通信中继、救援勘测和地形测绘等。

消防救灾场景下无人机的负载有如下作用：高空侦察，利用红外热成像判断火势蔓延方向，如图 2-4（a）所示；辅助救援、地震灾区紧急系留照明，如图 2-4（b）所示；高楼、狭窄住宅区域辅助灭火，如图 2-4（c）所示；应急通信、灾区通信中继，如图 2-4（d）所示。

（a）高空侦察

（b）紧急照明

（c）辅助灭火

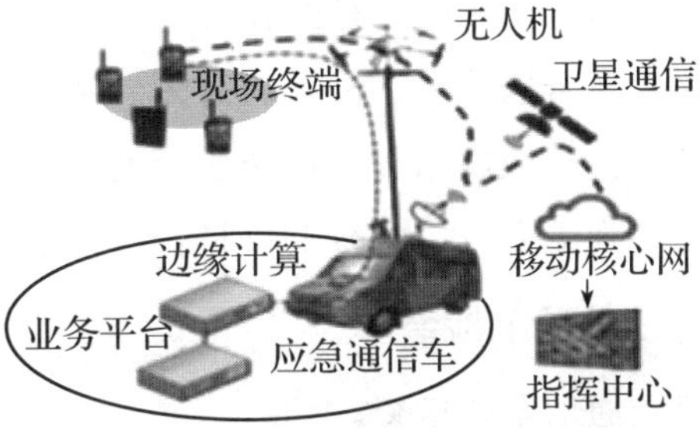

（d）灾区通信中继

图 2-4 消防救灾场景下无人机负载作用

无人机在执行夜间飞行时，作业环境如图 2-5（a）所示。飞行前，须检查机身结构，如卡扣、紧固件等的牢固性；飞行中，须时刻关注机身所在位置，关注机身所在区域的障碍物，关注机头朝向等；飞行后，须注意检查机体结构的完整性。

无人机在雨中飞行时，作业环境如图 2-5（b）所示。飞行前，须为机身做好防水措施，检查无人机的胶塞、卡扣，以免影响无人机的防水性能；飞行中，须时刻关注雨势，过大时及时返航；飞行后，须检查机体有无渗水，及时擦拭无人机、阴干后存储。

无人机在浓烟情况下飞行时，作业环境如图 2-5（c）所示。飞行前，须为机身做好防尘措施，检查无人机的胶塞、卡扣，以免影响无人机的防尘性能；飞行中，须时刻关注机身状态，浓烟上方空气密度低，会造成无人机升力异常，影响飞行安全；飞行后，须注意机体检查，可采用高压气流对机身进行吹扫作业，保障无人机机身清洁后存储。

（a）夜间飞行　（b）雨中飞行　（c）浓烟情况下飞行

图 2-5　消防救灾场景下各种无人机工作环境

三、无人机机体检测思路

（一）不通电检查

（1）目视及触摸检查螺旋桨、机臂、套筒连接处、起落架是否完好，有裂纹或者有破损时需要及时更换。

（2）关注无人机机体各个连接部件的螺丝是否锁紧，机臂连接件和电池锁紧旋钮的螺丝是否旋紧。

（3）检查防水胶塞是否扣好，若未扣好而使机体进水，将导致短路。

（4）检查散热风扇进风口有无异物阻塞。

（5）检查减震球及云台防脱绳是否有断裂、破损痕迹，减震板是否有裂痕、断裂，云台安装到无人机后旋转卡口是否连接牢靠、反向不能转动。

（二）通电检查

（1）通信系统检查。

（2）动力系统检查，电机油门行程校准。

（3）地面站校准。

（4）起降场地环境检查。

（三）飞行后检查

（1）检查机身外观是否正常，有无碰撞、松动、断裂等异常痕迹。

（2）检查机体表面清洁情况。

（3）检查散热口是否通畅、有无阻塞，散热风扇是否有卡顿或异响，防水胶塞有无破损、松脱。

（4）检查电池外壳是否有损坏、变形，是否出现鼓包现象，电源接头是否炭化，电池接口内是否存在脏污、水渍和腐蚀痕迹。

（5）检查红外感知系统是否正常，视觉系统传感器镜片、补光灯、夜航灯镜片有无脱落、松动和开裂现象，镜片表面若有脏污，则要使用软布擦拭，切忌划伤镜片。

四、无人机机体的无损检测方法

（一）目视检查法

（1）不安装螺旋桨，启动电机，目测检查电机转子的边缘和轴在转动中是否同心，以及是否有较大振动。

（2）检查螺旋桨表面是否有瑕疵、磨损、断裂或者明显的损伤。

（3）检查机体结构各部位是否歪斜，结构上是否出现裂纹、破损。

（4）检查起落架的倾斜角度是否左右对称。

（5）检查电机是否歪斜，电机及其内线是否有熔断，是否有异物残存；检查电机壳下方的缝隙是否均匀，判断电机壳是否出现变形。

（6）将螺旋桨安装在电机上，将电机启动并让无人机停留在地面上，在无人机1m以外的地方观察各个螺旋桨在转动过程中是否出现双层现象，此现象常被称为双桨，会严重影响无人机的振动，需要修复或更换。

（7）观察电调外包装是否完整，是否有破裂、烧痕或烧焦味道。

目视检查辅助设备有照明设备、内窥镜、放大镜、反光镜、测量器具等。

（二）声音判断法

（1）整体听声，将无人机整体机架放到手上，握住一个支臂，来回晃动下，听是否有线路没有固定好以及机体内是否有杂物声音，若有杂物晃动的声音，则需要及时清理。

（2）对于部分刚度不大的塑胶螺旋桨，一只手握住螺旋桨中心，另一只手在一边桨叶边缘部分，弯曲30°，迅速松手，听声音。一般来说，若塑胶螺旋桨整体完整，无内伤或外伤裂痕，则听起来声音厚实有力，弹性十足。之后再试另一边。在弯曲听声的过程中，如果螺旋桨有内伤，则容易直接变成明纹，一定要仔细观察。

（三）触摸法

（1）用手轻轻晃动无人机机架，检查机臂是否有松动，把装有脚架的整体机架放到地面上，用手大力推一下，然后在离地 20cm 处，在地面有纸板铺垫的情况下跌落几次，检查是否有脚架腿歪斜。

（2）用手握住电机所在臂，轻轻晃动电机桨座或子弹头（螺旋桨整流固定罩），检查整体是否有松动，螺丝是否拧紧。

（3）检查所有接线处，如插针、香蕉头、T 插头处的连接情况。如果是一次性插接，就轻轻插拔，看看是否有松动；如果是需要经常插拔的，如电池接口，则插拔几次检查是否出现松动。

（四）超声波检测法

超声波探伤是利用超声波在物体中的传播、反射和衰减等物理特性来发现缺陷的一种检测方法。它可以检查金属材料、部分非金属材料的表面和里面缺陷，如焊缝中裂纹、未熔合、未焊透、夹渣、气孔等缺陷。超声波探伤具有灵敏度高、设备轻巧、操作方便、探测速度快、成本低等优点。

1. 纵波检测法

纵波是指声波在介质中传播时，介质质点的振动方向与波的传播方向相平行的波，使用纵波进行检测的方法称为纵波检测法。纵波检测法如图 2－6 所示。当直探头在工件探伤面上移动时，经过无缺陷处，探伤仪示波屏上只有始波和底波。若探头移到有缺陷处，则示波屏上出现始波、缺陷波和底波。若探头移到大缺陷处，则示波屏上只出现始波和缺陷波。

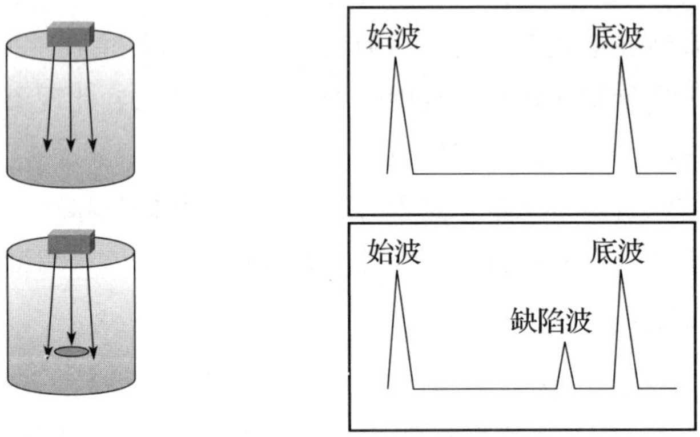

图 2－6　纵波检测法

2. 横波检测法

横波是指声波在介质中传播时，介质质点的振动方向与波的传播方向相垂直的波，使用横波进行检测的方法称为横波检测法。横波检测法如图 2－7 所示。当探头在工件探伤面上移动时，若工件内没有缺陷，则波在工件内经过多次反射后将以“w”形路径传播，此时在示波屏上只有始波。当工件存在缺陷，且该缺陷与波束垂直或倾斜角很小时，波束会被缺陷反射回来，此时示波屏上将显示始波、缺陷波。当探头接近板端时，波束将被端角反射回来，此时在示波屏上将出现始波和端角波。

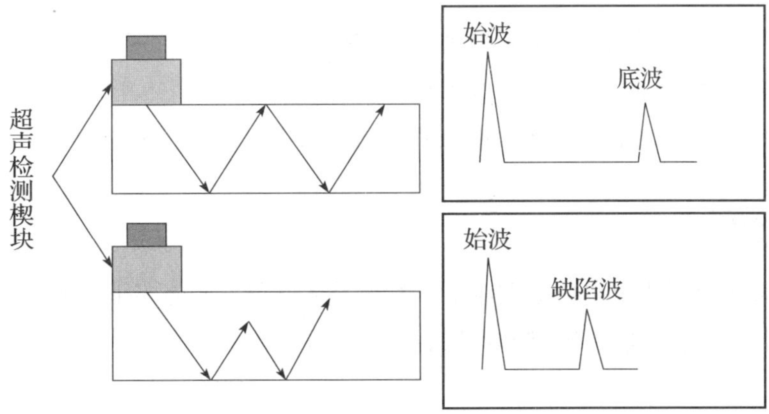

图 2 - 7　横波检测法

（五） X 射线检测法

如图 2 - 8 所示，当 X 射线穿过被检工件时，X 射线与物质相互作用，致使 X 射线被吸收，强度减弱。由于受损工件内部组织不均匀，因此 X 射线在穿透过程中发生不同程度的衰减，最终在感光胶片上留下不同黑度的影像。不同物质材料对 X 射线的吸收能力不一样，致使 X 射线衰减度也不一样，因此可以利用 X 射线检测法来检测无人机发动机、机臂等结构是否存在内伤，检测和评估无人机零部件的质量，发现隐蔽的缺陷，如焊缝裂纹、气孔等，有助于提高产品的可靠性和安全性。

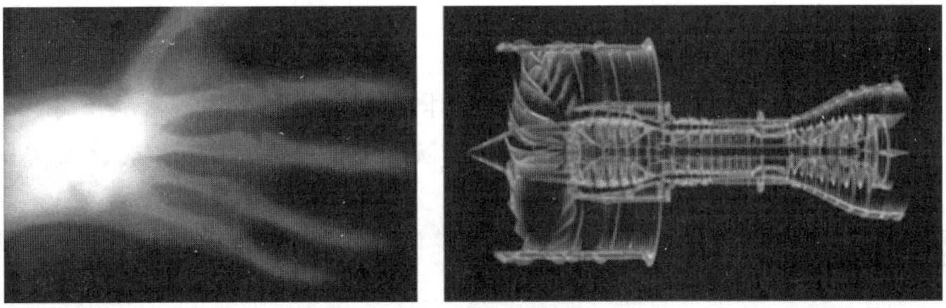

图 2 - 8　X 射线检测法

五、无人机机身水平校准

无人机机体经历摔机、颠簸运输，或者每个维护周期后均需要被放于水平地面，使用水平仪对机身、机臂、电机、起落架进行水平校准，如图 2 - 9 所示。校准后使无人机机身水平角度差值不超过 3°，电机水平角度差值不超过 3°，超过 ±3°则需要通过调整螺丝等方式来调节平衡。

图 2 - 9　无人机机身水平校准

任务练习

1. 什么场景下需要进行多旋翼机体结构维护？
2. 维护多旋翼机体结构需要哪些工具？
3. 无人机机体结构水平校准、重心调节的作用与方法是什么？

工匠精神

1. 熟悉多旋翼无人机机体结构维护、检测技术技能，拓宽专业视野。
2. 养成持之以恒的学习精神和严谨勤奋的工作态度。

任务 2　固定翼无人机机体结构维护

任务描述

小张刚从学校无人机应用技术专业毕业，来到一家无人机行业应用公司上班。他从仓库申请领取了一套固定翼无人机，进行任务作业前，他该对无人机机体结构进行哪些方面的检修呢？作业后，他需要进行哪些机体结构方面的检修才能入库存储呢？作为本专业的学生，请你结合所学专业知识帮他回答这些问题。

任务目标

1. 掌握固定翼无人机机体结构的特点与不同材质的维护方法。
2. 能够熟练使用无人机维护工具完成固定翼无人机机体结构的组装、调试与维护。

知识准备

一、固定翼无人机机体结构

固定翼无人机是指由动力装置产生前进的推力或拉力，由机身的固定机翼产生升力的无人机。固定翼无人机的机体结构由机身、机翼、尾翼、起落架等部分构成，如图 2-10 所示。

固定翼无人机机体结构维护

（一）机身

（1）机身的主要功能有以下两点：

1）装载燃油、电池、武器、设备和货物等；

2）把机翼、尾翼、起落架连在一起，形成一架完整的无人机。

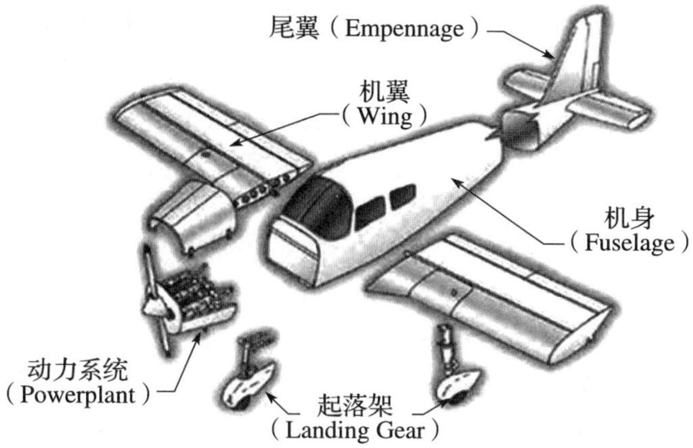

图 2－10 固定翼无人机的机体结构

（2）机身结构主要有三种，分别是构架式、硬壳式和半硬壳式。

1）构架式机身如图 2－11 所示。构架式机身的强度和耐冲击性较好，但刚度不够，特别是抗扭性较差和有效容积率较低。

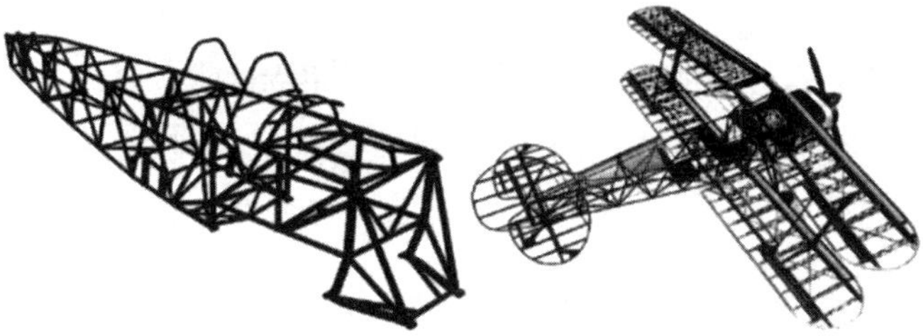

图 2－11 构架式机身

2）硬壳式机身如图 2－12 所示。这种机身具有结构简单、气动外形光滑和内部空间可全部利用的优点，但机身的相对载荷较小，而且机身不可避免地要大开口，会使蒙皮材料利用率不高，因为开口补强使机身重量有较大的增加，所以这种机身实际上用得很少。

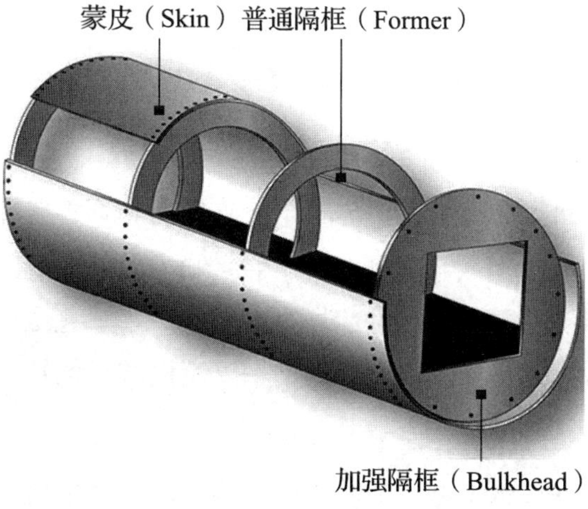

图 2－12 硬壳式机身

3）半硬壳式机身如图 2－13 所示。半硬壳结构是指机身纵向受力部件，即纵向大梁与机身蒙皮共同受力的结构，区别于蒙皮不受力的桁梁式结构和完全由蒙皮受力的硬壳式结构。一般来说，弯矩和剪力由纵向结构承担，扭矩由蒙皮承担。其特点是结构布置更加灵活，重量更轻。常见的有桁梁式机身和桁条式机身。

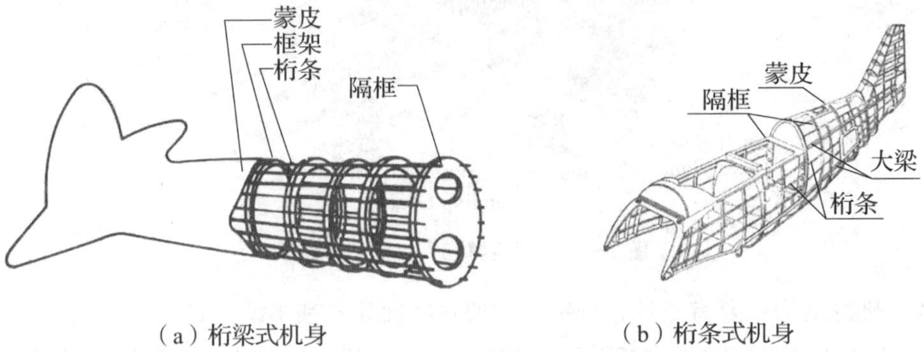

图 2－13　半硬壳式机身

（二）机翼

固定翼无人机机翼的结构如图 2－14 所示，由前缘缝翼、后缘襟翼、扰流板和副翼组成。机翼的主要作用是产生升力，通过控制副翼、活动面板使无人机具有横侧安定性和操纵性，此外在机翼上还可以安装发动机、起落架等设备。

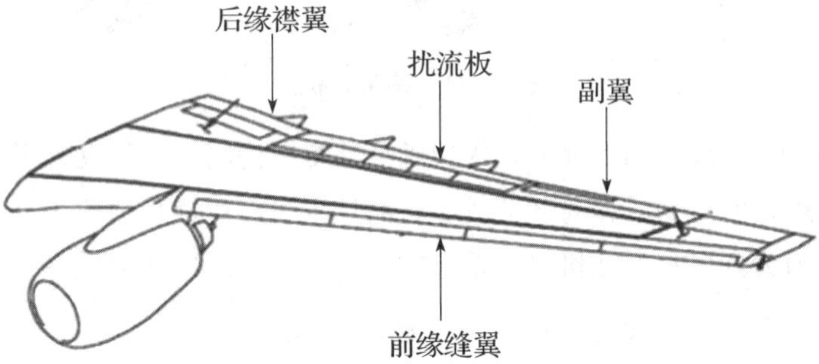

图 2－14　固定翼无人机机翼

（三）尾翼

尾翼是固定翼无人机的重要部件之一，由水平尾翼和垂直尾翼组成，如图 2－15 所示。尾翼的主要作用是保证无人机的纵向（俯仰）和方向（偏航）的平衡，并使无人机在纵向和横向两方面具有必要的稳定性和操纵性。其中，垂直尾翼由固定的垂直安定面和可偏转的方向舵组成，水平尾翼由固定的水平安定面和可偏转的升降舵组成。

（四）起落架

起落架起到支撑、在无人机起飞或着陆时滑跑、减小接地撞击力以及无人机的颠簸的作用，也具有刹车和减速的作用，如图 2－16 所示。

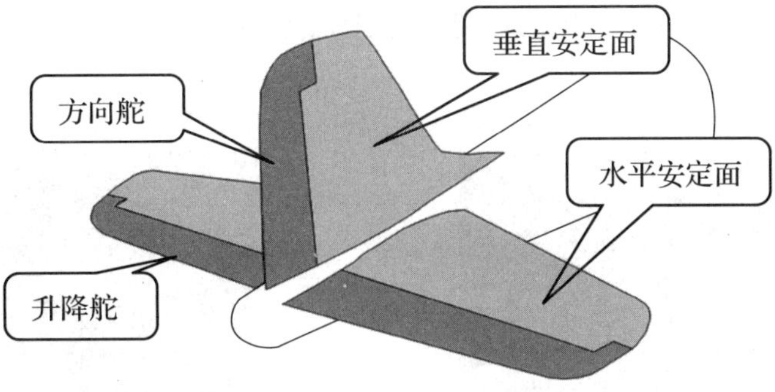

图 2-15 固定翼无人机尾翼

起落架主要组成部分的作用如下：

(1) 支柱的主要作用是支撑无人机；

(2) 缓冲器也称减震系统，主要在无人机着陆时起到减震作用；

(3) 刹车装置在无人机转弯或刹车时动作，增加与地面的摩擦力；

(4) 收放机构在起飞和着陆阶段控制起落架的收放。

图 2-16 垂直起降固定翼无人机起落架

二、固定翼无人机机体结构材料

针对不同的应用场景，固定翼无人机的机体材料不同。无人机机体结构材料应具有高的强度比和刚度比，以减轻无人机的结构重量，改善飞行性能，还应具有良好的可加工性，便于制成所需要的部件。

（一）泡沫材质

泡沫材质本身分为很多类，无人机使用较多的包括 EPP 泡沫、EPO 泡沫等。EPP 为发泡聚丙烯，用 EPP 泡沫制作的无人机具有较耐摔的特性，但刚性稍差，在大气流中做相对运动时机身容易变形。EPO 是 EPS（发泡聚苯乙烯）与 EPE（发泡聚乙烯）的结合物，兼具 EPS 的刚性和 EPE 的抗拉性。

KT 板是一种由聚苯乙烯颗粒经过发泡生成板芯，再经过表面覆膜压合而成的一种新型材料。KT 板的优点是价格便宜，质量轻，通过合理的设计制作就可以在保证无人机重量轻的同时有较好的强度。用KT板制作的固定翼无人机如图2-17所示，飞行速度较慢，电子设备安装在无人机的中部，坠毁后不容易损坏电子设备，并且很容易修复，如图2-18所示。

图2-17　用KT板材料制作的固定翼无人机

图2-18　KT板材料固定翼无人机电子设备安装位置

（二）木质材料

轻木材质未蒙皮的无人机如图2-19所示，蒙皮后的滑翔机如图2-20所示，二者均具有强度高、重量轻、易起飞和续航时间长的优点，并且可以更容易地进行各种动作。木材是一种易于加工的材料，可以通过切割、打磨、钻孔等方式制成各种形状和尺寸的零件，因此木质材料无人机具有易加工、可定制性强的优点。

图2-19　未蒙皮的轻木材质无人机

图2-20　蒙皮后的滑翔机

（三）碳纤维复合材料

碳纤维是目前无人机机体的主要材料，质量比金属铝轻，但强度却高于钢铁。这一特殊的性能使目前大部分无人机的机身及其附件都采用碳纤维、玻璃纤维等复合材料。

固定翼无人机具有高度翼身融合的外形，如图2-21所示，需要采用大面积一体化成型技术。而碳纤维复合材料可以引入自动化流水线生产工艺，提高效率，大大降低生产制造成本，非常适合大规模制造无人机的机身结构。与传统金属材料相比，碳纤维复合材料具有强度比和刚度比高、热膨胀系数小、抗疲劳能力和抗震能力强的特点，且整体重量减轻了25%～30%，可以确保无人机拥有更长的飞行距离和飞行时间。

图 2－21　碳纤维复合材料的固定翼无人机

碳纤维复合材料还可以植入芯片和合金导体，形成具有高科技的结构整体，可在恶劣环境中长期使用，且不会破坏植入的设备性能，能够可靠地执行特殊任务。

三、固定翼无人机机体结构的维护方法

（一）按材料维护

1. 发泡材质

（1）使用和存放时，远离 70℃以上的热源，防止软化变形。使用中应尽量避免用一些尖锐的物品接触固定翼无人机机体表面，以免产生划痕。

（2）使用后如有灰尘或污垢，应及时清理，可以用软布蘸取肥皂水、弱洗涤剂或用温水擦拭固定翼无人机机体表面，不要用干布和具有磨损作用的硬布、纸巾或钢球擦拭，以免划伤机体表面。

（3）使用后存放在空气流通的地方，保持固定翼无人机机体表面干燥。

2. 木质材料

（1）使用时避免被硬物划伤机体表面。注意对木质机体表面的保养，可以涂上油漆作为一层保护膜，使用后用干软的棉布擦拭，也可以在表面涂上一层薄薄的光蜡，避免用化学溶剂去除污渍。

（2）使用后存放在空气流通的地方，避免阳光直射，长时间的日照容易使木质机体水分被吸干而开裂变形。

（3）避免雨天使用，防止机体受潮变形。

3. 碳纤维复合材料

（1）定期清洁：碳纤维复合材料机体容易积累灰尘和污垢，定期用软布或海绵蘸取温水清洗，不要用刷子或粗布擦拭，以免划伤碳纤维表面。

（2）避免撞击和摩擦：碳纤维复合材料机体容易受到撞击和摩擦，要避免碰撞和磨损。在使用时，应注意轻拿轻放，避免用力拉扯或弯曲。

（3）避免长时间曝晒：长时间的阳光暴晒会导致碳纤维复合材料机体表面的树脂老化，应避免长时间暴晒在太阳下面，使用后放置在阴凉处。

（4）定期润滑：与碳纤维复合材料机体表面相连的部位存在活动部件，需要定期涂

抹适量的润滑油，以保证部件的灵活性和耐用性。

（5）避免高温和低温环境：碳纤维复合材料机体不能长时间处于高温或低温环境中，否则会影响其性能和寿命。存放时，应避免存放在高温或低温的地方。

（6）注意使用环境：碳纤维复合材料机体对于酸、碱等化学物质有一定的敏感性，应避免在这些环境中使用，以免造成损伤。

（二）按使用时间维护

1. 作业后维护

（1）保持固定翼无人机机体的清洁，每次飞行后，应去除机体上附着的泥土，并用酒精擦去油污。

（2）检查摩擦板的磨损情况，若磨损严重应及时更换。

（3）检查固定翼无人机舵面铰链是否牢靠，有无脱胶现象，发现问题应及时修复或更换。

（4）检查舵机安装是否牢靠，舵机连杆有无弯曲，连接螺钉是否有松动。

（5）检查尾撑杆两边的连接头有无松动或脱扣，机身和机翼连接螺钉有无脱扣，机体各连接螺钉有无松动或脱扣，并适当更换。

（6）检查机体有无磕伤、碰伤或划伤，发现问题应及时修复或更换。

（7）检查发动机固定在机身上的螺丝是否有松动，出现松动应及时拧紧。

（8）检查螺旋桨是否受损，及时维护。

（9）及时将化油器用塑料带罩住，以免灰尘进入。

2. 短期维护

（1）固定翼无人机短期不使用时，应将尾撑杆支撑起来或将尾翼连同尾撑杆拆卸下来以防止尾撑杆长时间悬置，存放环境要阴凉、干燥。

（2）检查固定翼无人机舵面铰链是否牢固，有无脱胶现象，发现问题应及时修复或更换，每月至少维护一次。

（3）检查舵机安装是否牢固，舵机连杆有无弯曲，连接螺钉是否有松动，每月至少维护一次。

（4）检查尾撑杆两边的连接头有无松动或脱扣，机身和机翼连接螺钉有无脱扣，机体各连接螺钉有无松动或脱扣，并适当更换，每月至少维护一次。

（5）检查机体有无磕伤、碰伤或划伤，发现问题应及时修复或更换，每月至少维护一次。

3. 长期维护

（1）固定翼无人机长期不使用时，机体应拆卸后装箱放置，存放环境要阴凉、干燥。

（2）检查舵面铰链是否牢固，有无脱胶现象，发现问题应及时修复或更换，每半年至少维护一次。

(3) 检查舵机安装是否牢固，舵机连杆有无弯曲，连接螺钉是否有松动，每半年至少维护一次。

(4) 检查机体有无磕伤、碰伤或划伤，发现问题应及时修复或更换，每半年至少维护一次。

任务练习

1. 不同材料的固定翼无人机机体结构维护方法有哪些相同点和不同点？
2. 固定翼无人机机体结构的短期维护和长期维护的检查项有何异同？

工匠精神

1. 熟悉固定翼无人机机体结构材料特性，能够在使用中降低故障率、提高检测技术技能。
2. 运用对比研究法，提升科学素养。

任务3 无人直升机机体结构维护

任务描述

小张刚从学校无人机应用技术专业毕业，来到一家无人机行业应用公司上班。他从仓库申请领取了一套无人直升机。进行任务作业前，他需要熟悉无人直升机机体结构组成以及安装情况检查，确保无人直升机能够安全、顺利地工作。作业后，他需要检修无误后才能将无人直升机入库存储。作为本专业的学生，请你结合所学专业知识帮他制定检修方法与措施。

任务目标

1. 掌握无人直升机机体结构特点与维护方法。
2. 能够熟练使用无人机维护工具完成无人直升机结构组装、调试与维护。

知识准备

一、无人直升机机体结构

无人直升机机体结构主要由大桨、旋翼头、十字盘、大齿盘、尾杆、垂直尾翼、尾波箱、尾桨等部分组成，如图2-22所示。

1—大桨；2—旋翼头；3—十字盘；4—电池；5—无刷电机；6—电调输入线；7—大齿盘；
8—接收机；9—陀螺仪；10—尾杆；11—舵机；12—垂直尾翼；13—尾波箱；14—尾桨

图 2－22　无人直升机机体结构图

（一）大桨

无人直升机大桨的主要作用是产生向上的升力来克服直升机的重力，产生向前的水平分力来克服空气阻力使无人直升机前进，类似于推进器的作用（如螺旋桨或喷气发动机），产生其他分力及力矩对无人直升机进行控制或机动飞行，类似于各操纵面的作用。

（二）旋翼头

旋翼头主要由旋翼轴、旋翼叶片、旋翼毂和旋翼控制系统等组成。旋翼轴是旋翼头的主轴，它承载着旋翼叶片和旋翼毂的重量，并通过旋翼控制系统控制旋翼的旋转速度和方向（旋翼桨叶俯仰角）。

（三）十字盘

十字盘也叫倾斜盘，是无人直升机的重要组成部分。十字盘可以向任何一个方向倾斜，从而带动桨叶改变飞行姿态和方向。

（四）大齿盘

大齿盘是无人直升机电机的减速机构，用来放大电机扭矩，带动旋翼轴的转动。它将动力从无刷电机传动到主旋翼、尾桨等其他部件，同时将发动机转速调整到旋翼和尾桨的设计参数要求。

（五）尾杆

在无人直升机飞行时，旋转桨叶所造成的扭矩，会使无人直升机产生一个旋转的趋势。为了防止这种趋势导致无人直升机失稳，无人直升机需要尾旋翼（Tail rotor）来抵消这个扭矩。尾旋翼的旋转需要消耗一定的能量，这种能量消耗会引起机身振动。它将旋转能量转化成负载的能量吸收，并通过旋转机构的阻尼来将能量消耗掉，从而降低振动和扭矩的影响。

（六）垂直尾翼

尾翼是安装在无人直升机尾部的一种增强飞行稳定性的装置。大多数尾翼包括水平尾翼和垂直尾翼，也有少数采用 V 形尾翼。尾翼可以用来控制无人直升机的俯仰、偏航和倾斜以改变其飞行姿态。

（七）尾波箱

尾波箱是主旋翼与尾旋翼之间的传动结构，尾波箱内部为齿轮结构，需要加润滑油来减小摩擦。在起飞前应检查齿轮之间是否有异物，保证无人直升机运行的顺畅性。

（八）尾桨

尾桨是用来平衡反扭矩和对无人直升机进行航向操纵的部件。旋转着的尾桨相当于一个垂直安定面，能对无人直升机航向起稳定作用。后桨的作用与旋翼不同，但是它们都是由旋转而产生空气动力、在前飞时处于不对称气流中工作的状态，因此尾桨结构与旋翼结构有很多相似之处。

二、无人直升机机体结构的维护与保养

每次飞行前后需要对无人直升机机体结构进行维护与保养，以保障后续飞行的安全。保养时需要对无人直升机机体结构进行如下几个方面的检查与维护：

（1）定期检查碳纤维或金属材质的机架，看有无破裂、松动、变形等损伤，如果损伤严重则需要更换新机架。

（2）检查起落架的连接件和缓冲组件，确保着陆性能良好。

（3）检查机身外壳是否损坏，需要时进行补漆或更换。

（4）定期拆卸螺旋桨，清洁机身内部，去除污垢。

（5）检查机身各连接点、铰链、固定螺栓是否松动，必要时拧紧。

（6）对机身进行防腐处理，避免腐蚀。

（7）使用润滑油保持机构灵活运转。

（8）确保各维修口盖板紧固，不松动。

（9）维护后进行地面测试和飞行测试，确认机体工作正常。

（10）在飞行前需要检查螺旋桨安装是否正确，接口是否松动。

（11）飞行时应远离危险因素，避免螺旋桨撞上障碍物。螺旋桨材料特殊，需要较好的保存条件，避免太阳直晒、潮湿等环境，避免运输过程中被挤压。

任务练习

1. 无人直升机机体结构由哪几部分组成？

2. 无人直升机机体结构维护有哪些注意事项？

工匠精神

1. 熟悉无人直升机机体结构维护、检测技术，拓宽专业视野。
2. 增强实际动手和解决问题的能力。

项目小结

通过本项目的学习，学生掌握了多旋翼无人机、固定翼无人机和无人直升机三类无人机的机体结构特点和维护方法，不仅拓宽了专业知识面，提高了维护检测和解决问题的技能，还培养了持续学习的精神和严谨勤奋的工作态度，以及动手实践和总结提高的习惯。

课证融通

本项目内容与无人机检测与维护职业技能等级证书相融通部分详见表 2-1～表 2-3。

表 2-1　无人机检测与维护职业技能等级要求（初级）

工作领域	工作任务	职业技能要求
航前准备与检测	系统航前检测	能进行电池充放电
		能按照飞行手册完成多旋翼机身完整性检查
		能按照安全操作程序完成电池电量检测
		能完成多旋翼无人机系统中辅助定位系统校准操作
机械维修维护操作	部件、零件的识别与拆装	能判断图纸规格并判断零件配合类型
		能对多旋翼无人机的关键部件进行拆装更换
		能观察识别机翼、旋翼或桨及测量其翼型参数

表 2-2　无人机检测与维护职业技能等级要求（中级）

工作领域	工作任务	职业技能要求
无人机机体拆装	固定翼无人机拆装	能完成机翼与翼面舵机的拆装
		能拆装起落装置
		能完成飞控、接收机与数传电台的拆装
	无人直升机拆装	能拆装主旋翼与自动倾斜器
		能拆装尾桨与传动舵机

表 2－3　无人机检测与维护职业技能等级要求（高级）

工作领域	工作任务	职业技能要求
机械部件与材料维护维修	材料相关检查修理	能正确识别与检查机体的复合材料部件
		能根据需求完成复合材料部件的切割、黏结以及打磨操作
		能熟练完成机体复合材料修补操作
		能使用软件进行部分维修件的实体建模
		能使用激光打印等工艺进行零部件的制作
	密封与防腐操作	能完成除锈润滑剂的操作
		能完成电路板喷三防漆操作
		能完成小型电路板导热硅胶胶封处理
		能完成夹胶热缩管处理等操作

项目实训

一、实训地点

无人机制造实训室，应具备螺丝刀、内六角扳手等机械类实训工具及实训桌。

450 四轴飞行器机体结构装调

二、实训设备

450 四轴飞行器属于多旋翼无人机中的四旋翼无人机系列，它由直流电源供电，使用无刷直流电机提供动力，因此也被称为电动无人机。又因其对角电机座中心间距为 450mm，因此简称 450 四轴飞行器，如图 2－23 所示。

450 四轴飞行器组装零部件统一放在铝箱中，如图 2－24 所示。在开始组装前，我们需要明白一个道理，工欲善其事，必先利其器，先做好物料、散件的清点可以使得我们在后期的组装过程中做到心中有数，达到事半功倍的效果。

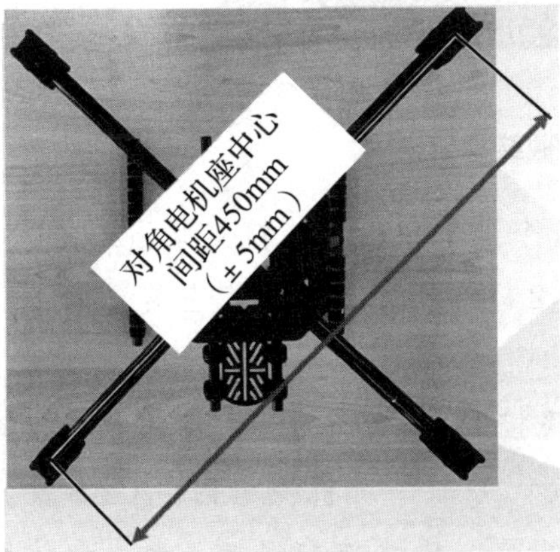

图 2－23　450 四轴飞行器

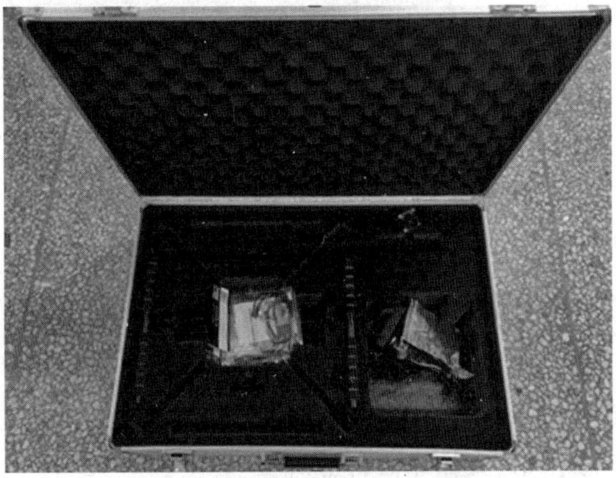

图 2－24　450 四轴飞行器铝箱

450四轴飞行器的机械结构主要由1块上中心板、1块下中心板、4个机臂、2个竖直支撑脚架、2个水平支撑脚架组成，如图2-25所示。需要特别注意的是，上下中心板有前后之分，上中心板的中心为长方形镂空状，用于安装飞控及分电板的线束，下中心板的中心为等分圆状，利于下方空气流通散热，且上下中心板均有箭头指向表示机头方向，安装时务必注意。另外，需要注意机臂与竖直支撑脚架的主要区别：机臂上无安装孔，竖直支撑脚架的两端均有安装孔，大家进行物料领取、清点和回收时不要混淆。

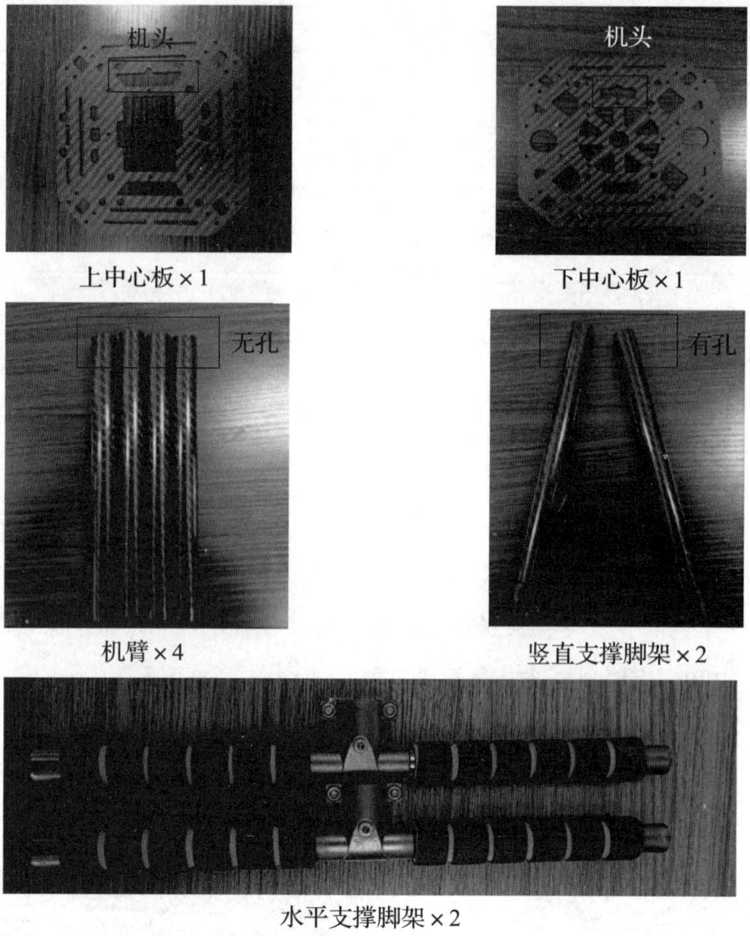

图2-25　450四轴飞行器的机械结构组成

负载系统由1个云台架、8个电机座上下板、32个上下中心板连接支座、2根电池架连接管、1套电池架套装、8个减震圈组成，如图2-26所示。其他安全装置由1个蜂鸣器、1个安全开关组成。

飞控系统选用的是市面上应用较为广泛的开源飞控Pixhawk2.4.8，将其安装在减震座上，以防无人机飞行时由于振动导致飞行不稳定。导航系统机械结构由GPS及其支架组成，GPS通过双面胶黏贴在支架上，其方向需要与机头方向保持一致。通信系统机械结构由1个天地飞遥控器和1个接收机组成，实现无人机的飞行控制。其他安全装置由 1 个蜂鸣器、1 个安全开关组成。飞控系统机械结构如图 2－27 所示。

云台架 × 1

电机座上下板 × 8

上下中心板连接支座 × 32

电池架连接管 × 2

电池架套装 × 1

电池架&云台架减震圈 × 8

图 2－26　450 四轴飞行器负载机械结构组成

飞控板减震座套装 × 1

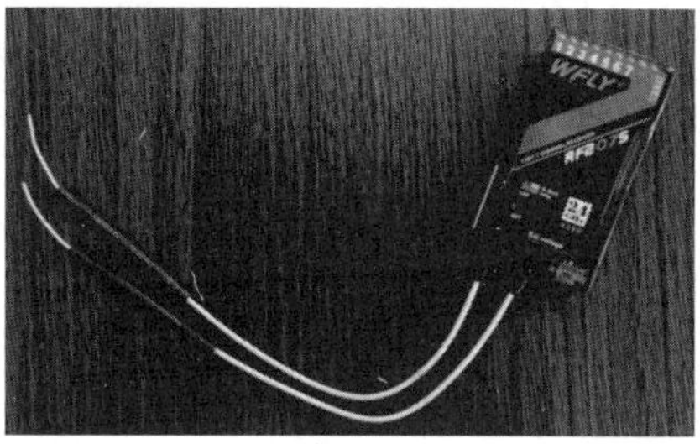

接收机 × 1

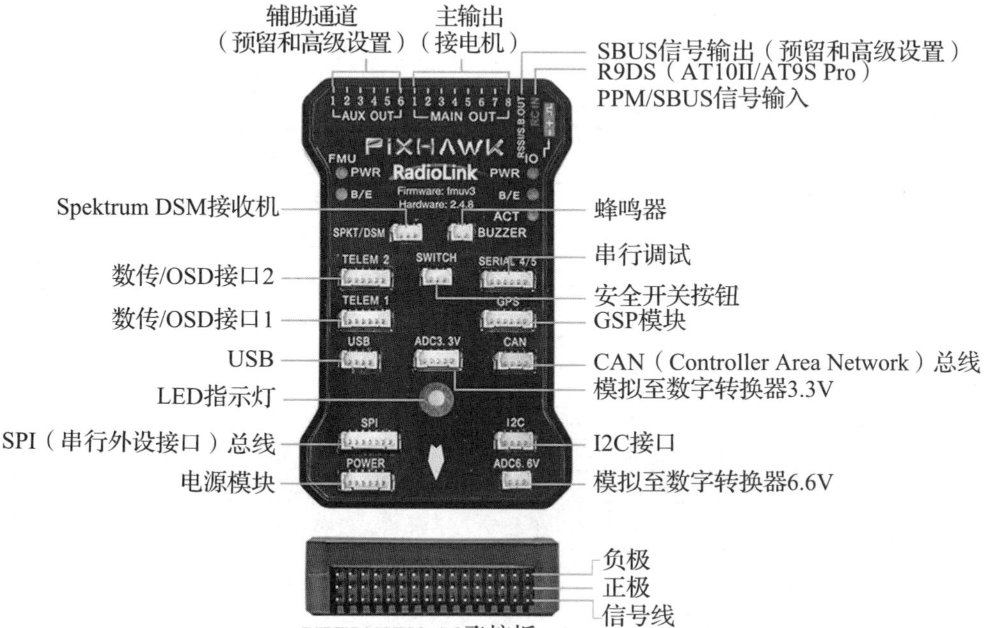

PIXHAWK2.4.8飞控板 × 1

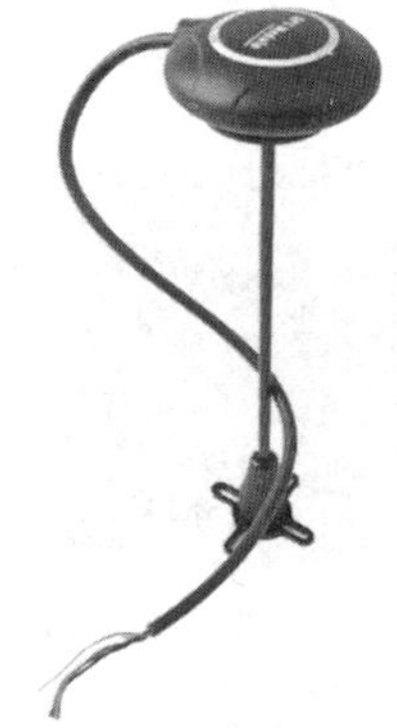

GPS（含支架）×1

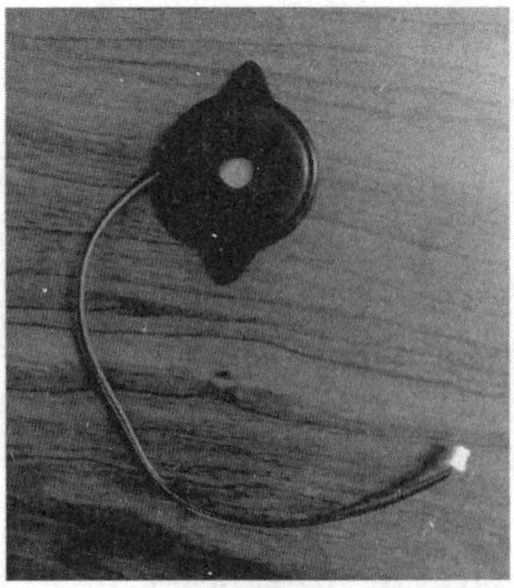

蜂鸣器×1

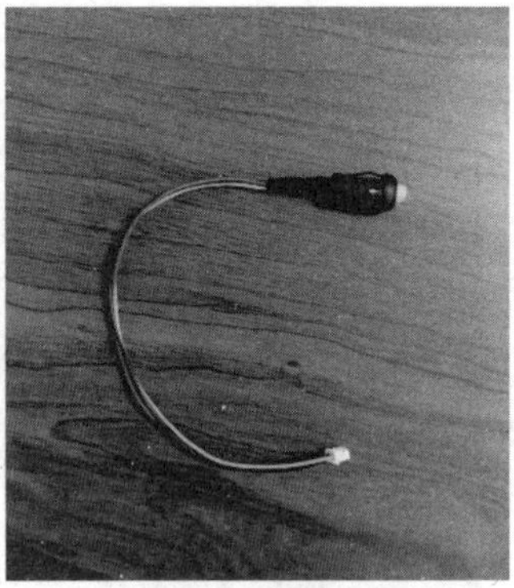

安全开关×1

图 2-27　飞控系统机械结构

三、实训过程

（一）实训流程

流程一：教师进行实训前“6S”管理说明及安全教育。

流程二：班长组织学生进行分组，选取组长，并将分组情况汇总交给教师。

流程三：各组长领取实训工卡 2，确定实训内容，领取实训所需工具，并清点下发的实训耗材。

流程四：各组按照制定的实训步骤进行实训操作。

流程五：各组长汇报实训结果，课堂讨论。

流程六：教师验收实训结果，并打分。

流程七：整理实训室台面。

（二）实训内容

工卡 2

多旋翼无人机的装配实训工卡

工卡标题	机械结构装配与测试		
机型	多旋翼无人机 F450	工种	无人机装调检修工
机号	N/A	工作区域	无人机制造实训室
版本	R3	工时	________分钟
制定人		制定日期	
任务要求	1. 多旋翼无人机机械结构装配； 2. 多旋翼无人机机械结构调平。		
工艺要求	1. 机头位置正确； 2. 上下中心板水平、电机座水平、脚架水平、电池架水平； 3. 紧固件牢固、不松动、不滑丝，机体平稳，机械结构不变形； 4. 脚架固定位置要位于下中心板侧面中心区域； 5. 4 个机臂伸出长度一致，对角电机座中心间距为 450mm（误差±5mm）；		

工艺要求	6. 电池架的 2 根连接管向机尾方向伸出长度约 35mm（误差±3mm），电池架减震圈距离下中心板前（后）侧边缘 20mm（误差±2mm），电池架位于下中心板中心位置； 7. 云台架前缘横切线与电池架连接管前缘连线重合（误差±3mm）。 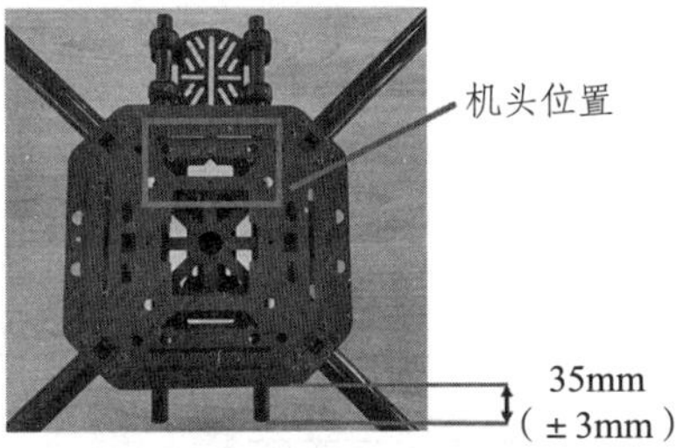 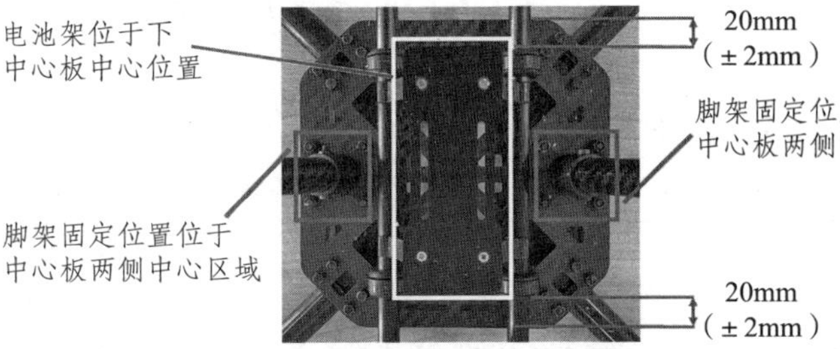 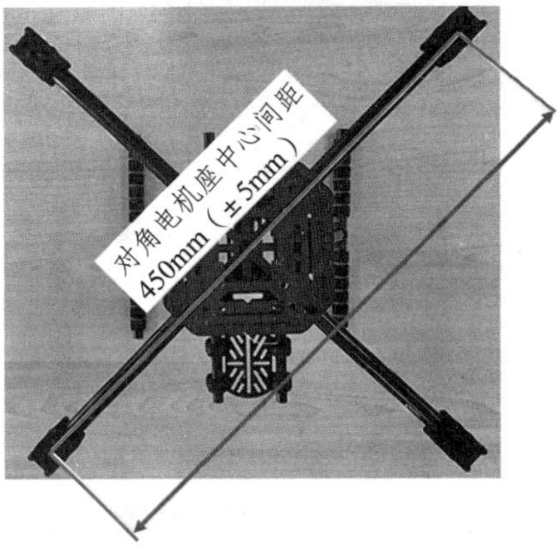 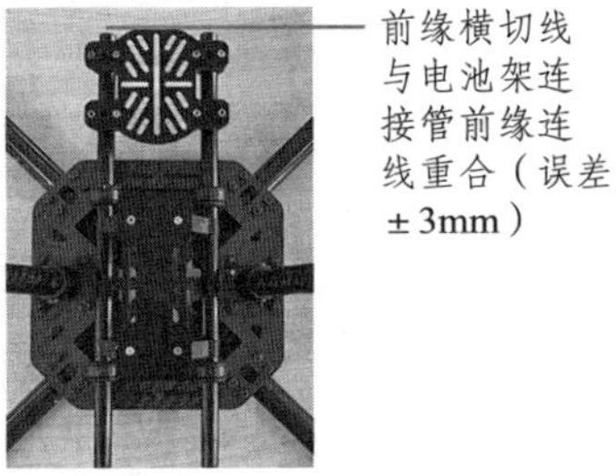
实训室“6S”管理要求	1. 实训桌台面整洁，不放置与本实训任务无关的物品； 2. 工具、配件摆放整齐； 3. 保证工具、散件、设备齐全且数量足够； 4. 安全用电，规范操作。

<table>
<tr><td colspan="5">组装散件/工量具/设备：</td><td>清点者签字</td><td>组长签字</td></tr>
<tr><td>类别</td><td>名称</td><td>规格型号</td><td>单位</td><td>数量</td><td rowspan="13"></td><td rowspan="13"></td></tr>
<tr><td rowspan="12">组装散件</td><td>上中心板</td><td rowspan="12">标准 F450 配件</td><td>块</td><td>1</td></tr>
<tr><td>下中心板</td><td>块</td><td>1</td></tr>
<tr><td>上下中心板 & 电机座上下板连接支座</td><td>只</td><td>32</td></tr>
<tr><td>机臂</td><td>根</td><td>4</td></tr>
<tr><td>水平支撑脚架</td><td>只</td><td>2</td></tr>
<tr><td>竖直支撑脚架</td><td>只</td><td>2</td></tr>
<tr><td>云台架</td><td>块</td><td>1</td></tr>
<tr><td>电池架 & 云台架减震圈</td><td>个</td><td>8</td></tr>
<tr><td>电池架连接管</td><td>根</td><td>2</td></tr>
<tr><td>电池架套装</td><td>套</td><td>1</td></tr>
<tr><td>电机座上下板</td><td>块</td><td>8</td></tr>
<tr><td>紧固件</td><td></td><td>按需</td></tr>
<tr><td rowspan="5">工量具及设备</td><td>名称</td><td>规格型号</td><td>单位</td><td>数量</td><td colspan="2">组长签字</td></tr>
<tr><td></td><td></td><td></td><td></td><td rowspan="4"></td><td rowspan="4"></td></tr>
<tr><td></td><td></td><td></td><td></td></tr>
<tr><td></td><td></td><td></td><td></td></tr>
<tr><td></td><td></td><td></td><td></td></tr>
<tr><td colspan="7">多旋翼无人机机械结构装配流程</td></tr>
<tr><td colspan="7"></td></tr>
<tr><td colspan="7">多旋翼无人机机械结构装配过程中的常见故障及解决方法</td></tr>
<tr><td colspan="7"></td></tr>
</table>

<table>
<tr><td colspan="6">实训心得体会</td></tr>
<tr><td colspan="6"></td></tr>
<tr><td colspan="6">本次实训任务组内分工情况</td></tr>
<tr><td>姓名</td><td></td><td></td><td></td><td></td><td></td></tr>
<tr><td>分工</td><td></td><td></td><td></td><td></td><td></td></tr>
</table>

（三）实训成果验收

（1）教师对最先完成的小组进行功能验证、打分细则说明；

（2）教师对第一小组存在的问题进行指导，检查规范性，最终完成功能要求的任务；

（3）第一完成小组对第二完成小组进行验收、指出问题，直到实现预期功能，以此类推，实现组间互评；

（4）教师让各小组进行组内人员自评、排序、打分，并填写表 2-4。

表 2-4　学生打分表

组别	姓名	组内自评×30%	组间验收×50%	导师评价×20%	综合
1					
2					
3					
…					

课后习题

一、单选题

1. 下列描述不属于无人机机体作用的是（　　）。

A. 提供安装接口　　B. 提供整体的稳定和坚固的平台

C. 提供动力　　D. 提供相应的保护装置

2. 下列选项中，不是无人机机体的主要材料的是（　　）。

A. 铝合金　　B. 玻璃纤维　　C. 碳纤维　　D. 玻璃

3. 下列无人机结构中，由机翼、机身、尾翼和起落架组成的是（　　）。

A. 单旋翼无人机　　B. 多旋翼无人机　　C. 固定翼无人机　　D. 无人直升机

4. 木结构固定翼无人机机翼制作时，为防止木片在切削加工时错位，可以用（　　）临时黏结，待翼肋制作完毕后，再用刀片慢慢片开样板。

A. 502 胶黏剂　　B. 稀释的硝基清漆

C. 固化 AB 胶　　D. 快干型白乳胶

5. 普通塑料和泡沫塑料的各自特性和常用加工工艺不同。塑料制作的无人机在组装时常使用（　　）工艺。

A. 黏结　　B. 焊接　　C. 铆接　　D. 螺纹连接

6. 固定翼无人机组装后，要对机翼、机身和尾翼的相互位置进行检查。若发现垂直尾翼与水平尾翼黏结不垂直，要（　　）。

A. 用壁纸刀切开与机身胶合的地方，摆正后再用 502 胶固定

B. 用力掰垂直尾翼，并保持一段时间，使其位置正确

C. 用壁纸刀修剪尾翼形状，使其垂直

D. 通过增加配重，使机身总体平衡

二、判断题

1. 可以通过电化学保护法防止金属机体的腐蚀。（　　）

2. 植保无人机可以不考虑长时间暴露在强光下，不用考虑机体的光老化现象。（　　）

三、简答题

1. 多旋翼消防无人机在执行任务前，需要对机体进行检查，主要从哪些方面进行检查？

2. 简述无人机机体的作用。

项目 3　无人机动力系统维护

学习目标

知识目标

（1）掌握油动无人机动力系统发动机的检查、试车、磨车、安装与调试方法；

（2）掌握电动无人机动力系统的工作原理；

（3）掌握油动无人机和电动无人机常见故障的维护方法。

技能目标

（1）能够熟练使用无人机维护工具完成油动无人机、电动无人机动力系统的调试、维护和故障检测排查；

（2）能够熟练针对不同应用场景、应用环境，制定不同机型无人机的维护方案；

（3）能够树立严谨的学习态度，掌握扎实的专业技能。

素质目标

（1）能够熟练掌握对无人机动力系统进行调试、检测、维护、故障排除等技术，增强解决实际问题的能力；

（2）能够掌握合理的工作流程，养成良好的工作习惯；

（3）培养细致严谨的工作态度，养成动手实践和总结提高的习惯，不断提升自我。

学习导图

- 无人机动力系统维护
  - 油动无人机动力系统维护
    - 知识
      - 发动机结构认知
      - 发动机试车、磨车概念
      - 发动机压缩比、选定油门等概念
    - 技能
      - 能调校发动机油针开度
      - 能按气候条件调配汽油与润滑油，能按程序加注燃油
      - 能完成动力装置的拆装、更换、清洗等操作
      - 能进行发动机润滑维护处理
      - 能进行发动机试车、磨车、启动运行操作
      - 能正确填写无人机维护维修工卡
    - 素质
      - 培养设备管理能力，提高工作效率
      - 培养实践操作能力，提升工作质量
  - 电动无人机动力系统维护
    - 知识
      - 电动无人机动力系统组成
      - 电机、电调、螺旋桨、电池相关参数知识
      - 电机类型与控制方法
    - 技能
      - 能安装与紧固电池，能进行电池充放电
      - 能按照安全操作程序完成电池电量检测
      - 能更换外转子电机、电子调速器，能改变电机旋转方向
      - 能测量电池组单体电压，能改造动力电池电芯串并联
      - 能判断电池异常原因并处理
      - 能完成电调的预先设置操作、检测与维护
      - 能对电机运转异常进行分析及故障排除
      - 能对螺旋桨进行安装、紧固、维护保养
      - 能按照电池特性安全、合理地完成充放电及存放保养
    - 素质
      - 培养面对复杂问题的分析能力
      - 培养循序渐进的规划能力

任务 1　油动无人机动力系统维护

任务描述

小张刚从学校无人机应用技术专业毕业，来到一家无人机行业应用公司上班。他从仓库申请领取了一套崭新的燃油无人机。进行任务作业前，他需要参考说明书了解此套无人机的动力系统组成，对发动机进行试车、磨车、启动等一系列调试。他需要制作发动机试车、磨车台架，需要购买燃油，需要解决试车、磨车中遇到的问题，作业后需要进行清洗、保养入库。作为本专业的学生，请你结合所学专业知识帮他制定试车、磨车方案并完成新设备的磨合与保养。

任务目标

1. 掌握油动无人机动力系统检查、拆卸分解操作。

2. 能够熟练使用无人机维护工具完成新发动机的试车、磨车，以及旧动力系统的调试、维护和故障检测。

知识准备

一、油动无人机动力系统检查

油动无人机常用活塞式发动机作为动力源，维护步骤分为发动机检查、发动机拆卸分解两部分。图3-1为某型号油动单旋翼植保无人机。

图3-1 油动单旋翼植保无人机

（一）发动机检查

新发动机在出厂前会经过仔细选配和试车，除了特殊情况外，一般尽可能不要拆开，检查以后即可进行磨合运转。

使用过或存放很久的发动机，需要在使用前进行仔细检查。下面以压燃式轴进气发动机为例，检查步骤如下：

1. 直观检查

了解发动机的型号、过往使用情况、新旧程度和出现过的主要问题，对检修过的部件进行重点检查，对易损部件进行定期更换。

2. 清洁度检查

清洁对于发动机来说是非常重要的，脏物或沙土进入发动机内部，运转后会引起发动机的严重磨损。检查时，应先检查发动机的表面是否干净，可以通过擦拭和清洗方法去除表面油污、脏物或沙土，再清除排气口和进气口等部位的异物。

3. 零件检查

根据发动机说明书仔细检查零件个数和完好程度，若发现有缺少或损坏的零件，应设法配齐、调换或修理。桨帽、桨垫、油针和调压杆等容易短缺、损坏的零件需要重点检查。

4. 外部安装检查

检查喷油管上的喷油孔方向。如果喷油管上只有一个喷油孔，那么此孔应对向曲轴，不能对着进气气流，这会使油喷不出来；如果喷油管上有两个喷油孔，那么应使这两个孔都正对进气管管壁。

检查曲轴和活塞，如果转不动曲轴和活塞，则可能是连杆下端没有套上曲柄销或连杆折断等原因引起的，此时应拧下机匣后盖进行检查。

检查安装是否牢固，重点检查气缸或气缸头与机匣的连接，以及机匣后盖与机匣的连接。在拧紧或拆装零件时，必须采用合适的工具和正确的方法，否则会损坏零件。例如，要用扳手拧螺帽，而不能用钳子拧。发动机的曲轴在装上螺旋桨、拧紧螺帽后会很紧，甚至不能转动，其往往是因为后桨垫受力后向后滑动而与机匣前端发生摩擦，此时可将后桨垫背面稍稍锉去一些，或者更换一个。注意后桨垫背面与机匣前端的间隙也不宜过大，在不产生摩擦或卡住的情况下，其间隙越小越好，以防当发动机撞地时，撞击力量通过后桨垫传到机匣前端，致使曲轴过分后移而撞坏机匣后盖或连杆等零件。

5. 内部连接检查

首先检查气缸和活塞的配合情况，装上螺旋桨后，慢慢地左右拨动，使曲轴跟着左右转动，这时活塞也应上下运动。当活塞在下止点附近时，曲轴应能很轻松地往返转动，无摩擦或卡住的情况。继续转动螺旋桨，使活塞上升关闭排气口并开始压缩气缸中的空气时，会感受到有“顶住”的力量，这个力量是正常的。如果活塞在下止点附近，转动曲轴感到有些紧，这就不是正常的现象。

对于新发动机来说，气缸和活塞在下止点的配合过紧情况一般在磨合运转后就会消失，不一定要立即排除。对于旧发动机来说，这种过紧的情况可能是由于曲拐连杆机构间的问题，也可能是由于排气口处有毛刺，还可能是由于油料黏连引起曲轴转不动或转动费力，这时只要向进、排气口内稍加一些混合油或汽油就可排除过紧现象。

然后检查活塞和气缸的气密性。当活塞表面有薄薄一层油时，转动螺旋桨使活塞上升到接近上止点处再停住；当活塞和气缸间有漏气时，在排气口可看到油泡从活塞和气缸缝隙中漏出的现象，油泡漏得越多、越快，说明气密性越差。经过正确磨合运转的发动机，一般都具有较好的气密性，而新发动机的活塞和气缸在上止点时配合得稍偏紧的，甚至有很紧或很难转动的现象，但只要经过正确的磨合运转，就会成为一台气密性很好的发动机。

最后检查气缸和反活塞之间的配合。它们之间的紧度标准是：要稍微用力才能拧动调压杆，将反活塞压下；拧松调压杆后，迅速拨动螺旋桨 1～2 次，反活塞能弹上，并保证不漏气。反活塞和气缸的配合过松会产生漏气，甚至在发动机工作时产生松动，影响工作性能。

（二）发动机拆卸分解

发动机的拆卸分解必须遵循正确的方法和步骤，并准备好拆解工具，如无人机发动机专用扳手、零件盒等。

下面以一般轴进气式 1.5 毫升及 2.5 毫升发动机为例，将分解步骤和方法介绍如下：

1. 拆卸电喷

电喷结构如图 3－2 所示，拆下油针、喷油管和调压杆等零件。

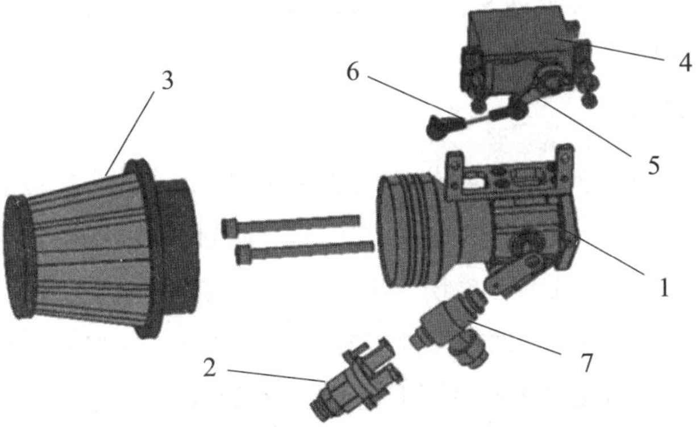

1—电喷主体；2—电喷嘴支架；3—发动机空气滤清器；4—舵机；
5—舵机摇臂；6—球头拉杆；7—电喷嘴

图 3－2　电喷结构图

2. 拆卸机匣后盖

用专用扳手或其他合适的工具拧下机匣后盖，若机匣后盖上附有油箱，则应先将油箱卸下。

3. 拆卸气缸头

气缸头如图 3－3 所示。在气缸头外垫一层橡皮，用手将气缸头拧下。不能用钳子夹气缸头，以免损坏散热片。

图 3－3　气缸头

4. 拆卸气缸

气缸和机匣配合得很紧，如非必要，尽可能不进行拆卸。拆卸气缸时，要用专用扳手带小钩的一面，钩住排气口的颈部将气缸拧下，注意不让小钩碰坏气缸内壁。取气缸时，不能将螺丝刀或金属片等物体塞进排气口去拧动气缸。

5. 取出活塞和连杆

转动曲轴，使活塞下裙部离开机匣，后推活塞连杆系统，可将连杆从曲柄销上取下。活塞是圆的，分解时要分清活塞的正面和反面。因为活塞已经和气缸磨合好了，换一面就会有影响，所以不能用在活塞表面做记号的方式区分正反面，但可以在活塞销的一头做记号来区分。

活塞销是压入活塞的，除非更换连杆等零件，否则不要取下活塞销。取出活塞销前，应先找一块小木板，在木板上削出符合活塞外形的半圆形凹槽，以便将活塞放在凹槽中。将活塞销与木板垂直放置，并在正对活塞销的木板上钻一个比活塞销稍大的孔，用比活塞销略细的平头金属短棒或截短的铁钉顶住活塞销，然后夹入台虎钳中，利用台虎钳的压力，慢慢地将活塞销压出。如果从一头压不出活塞销，则可换另一头再压。

二、油动无人机动力系统使用技巧

油动无人机活塞式发动机如果想稳定运行，故障率低，就要在飞行前做试车、磨车、启动、运行等操作。

（一）试车、磨车

每台小发动机都是由若干零件装成的，这些零件的相互配合还没有完全协调，各个摩擦表面更免不了有高低不平或毛刺的地方。如果这时就以高速工作，活塞和气缸等零件就会过热甚至卡死，造成表面拉毛等损伤。试车磨合运转就是以较慢的速度运转，慢慢地、一点一点地将那些互相接触的零件表面都“磨”得很光滑，使之能互相适应和协调配合。

凡是新发动机，必须先以较低的转速运转一个阶段，时间从半小时到一小时以至更久。若磨合运转不好，则发动机不但寿命短、马力小、难以启动，还会带来很多故障。正确的磨合运转不会缩短发动机寿命，相反会延长发动机使用寿命、改善使用性能。

磨车必须在结实的试车台或桌子上进行，决不能装在无人机上或其他不够结实的板上进行，以免在运转时引起振动，使机件受损。磨车要用较大的螺旋桨来限制发动机的转速，一般维持在 5 000～6 000 转/分，然后逐步提高转速。转速过低会产生较大的振动，对零件不利，最好是稳定均匀的中等转速。磨车期间，不要使用有添加剂的油料，油门要开大些，不要将调压杆压得太紧。

正确的汽油发动机磨合转速应该这样安排：开始约 5％的时间在低速（怠速）磨合，让气缸与活塞适应性匹配工作；中间约 80％的时间在以 3 000～4 000 转/分的中速磨合，此时积炭很少，并且是使用量最多的转速；最后约 15％的时间在最高速磨合。这样磨合出来的发动机缸内清洁光亮，工作稳定，马力强劲。

新发动机磨车开始时，排气口有黑色油点喷出，若将手指靠近排气口，便会喷上一层油，在阳光下可从油层中看到闪闪发光的金属粉末。一般磨车持续半小时左右，喷出的黑油会大大减少或消除，这时应逐步提高转速。若转速一直稳定，也无“热死”现象，则磨车即可结束，可以将发动机装在无人机上使用了。每台发动机需要磨车的时间各不相同，要根据具体情况来决定，一般约 1 小时。

经过正确磨车的发动机能够工作在以下最佳状态：

（1）全油时，转速达到最高，稳定、强劲地输出动力。

（2）怠速时，工作稳定，不出现贫油、富油情况。

（3）提速时，响应快，提速不出现迟滞现象，也没有要熄火的现象。

（二）启动、运行准备

在启动小发动机前，要做好以下准备工作：准备工具和器材，安装发动机，安装螺旋桨，选择场地等。

1. 准备工具和器材

这包括桨帽、扳手（或用小的活扳手代替）、螺丝刀、平口钳、10 毫升左右的注射器和针头，或者其他加油用具。装发动机用的木板厚约 12mm，宽 70～100mm，长 150～200mm，在木板一头的中间锯出一个凹口，凹口大小刚好能放入发动机以及安装用的螺钉和螺帽、油箱、塑料油管和螺旋桨等。

2. 安装发动机

用螺钉和螺帽将发动机固定在木板上，再将木板用螺钉牢牢地固定在工作台或较重的凳子等物件上。固定木板时，应使发动机尽量靠近工作台，以减少振动。木板太薄或装得不牢都会引起振动，会影响发动机的启动和运转。若有设置大台虎钳的工作台，也可将发动机木板夹在台虎钳中。但决不能用台虎钳直接夹发动机，以免损坏机匣。

发动机木板的安装高度依练习者的身高而定，一般在腰部稍下一点较为合适。装得太高或太低，练习启动时容易疲劳。

油箱是保证发动机正常工作的一个重要部件。有的小发动机出厂时带有小油箱，只要往油箱里加入混合油，接上油管就可以开车。大部分小发动机不带油箱，需要自己用薄铁皮焊制。在磨合运转和练习启动时，可利用墨水瓶或合适的小塑料瓶做油箱。为了防止油箱在开车后受振滑动，应做一个圈座或用细绳将油箱固定在发动机木板旁。

油箱油面高度和喷油管的相对位置很重要。油面高出喷油管时，油料会自动流入发动机内部，产生富油而不好启动发动机；油面过低时，油箱又不易将油吸上，也影响启动。一般是使油面和喷油管在同一水平面上或稍低几毫米，往油箱加油时应当注意这一点，油箱要尽可能靠近发动机。

要经常检查油管是否畅通，不要被堵塞。最好采用厚壁透明塑料油管，以便检查油料流动情况，若用薄管，则要注意防止弯折而卡断油路。

3. 安装螺旋桨

将螺旋桨装在曲轴前部的两个垫片间，转动曲轴使活塞向上运动并开始压缩，同时将螺旋桨转到水平方向，然后用扳手（不能用平口钳）拧紧桨帽，并把螺旋桨固定在这个位置上。建议将螺旋桨固定在上述位置，有利于拨桨启动。当无人机在空中停车后，活塞被气缸中气体“顶住”而不能上升，螺旋桨也就停止在水平位置上，这就大大减少了模型下滑着陆时折断螺旋桨的可能。因此，要养成在活塞刚开始压缩时将螺旋桨装在水平方向上的习惯。注意不要将螺旋桨装反，桨叶切面呈平凸形，应将凸的一面靠向前方，如图 3－4 所示。

图 3－4 拨动螺旋桨

初次练习启动时，可用直径较大和较重的螺旋桨，这样既容易启动，又不易反转和打手。启动技术熟练后，再换用短一些的螺旋桨。对于地面练习启动用的螺旋桨，其桨叶可选厚些，保证更好的平衡性。

4. 选择场地

启动发动机应该在室外进行，要选择清洁的环境，不要在风沙天或尘土飞扬的地方启动；也不要在人多的地方启动，以免发生危险；尽可能避免在室内或空气不流通的地方启动，防止练习者吸入过多废气（含有很多脏油）影响健康。此外，还要考虑发动机启动时排出的废气是否会污染其他物品。

初学者启动时，最好选择暖和的天气进行，在气温较低的冬天，启动较困难。

（三）启动要领

练习启动需要掌握两大要领，即调节压缩比、选定油门。

1. 调节压缩比

将调压杆松 1～2 圈，右手握住螺旋桨慢慢转动，使活塞到达上止点位置，左右微微转动螺旋桨，而活塞几乎不动，左手慢慢向下拧调压杆，反活塞下降，当感觉反活塞已碰上活塞顶时，应立即停止拧调压杆。再将螺旋桨向左右轻轻摆动就会感到活塞和反活塞已经相碰。注意不能用劲转动螺旋桨，以免损坏机件。

记住调压杆的位置（调压杆上部横柄的位置），退回几圈，迅速拨桨，反活塞就会弹上（反活塞撞上调压杆时能听到“嗡”的一声）。一般情况下，反活塞的这个位置就是适于启动的位置。

用上述方法启动、运行时，活塞顶部不能存油过多，否则会产生误差。由于每个人拧紧的感觉不同，以及受气缸内积油多少、周围温度高低和混合油成分的不同等影响，因此上述方法决定的压缩比不一定是完全合适的，只能作为参考，还要根据拨桨时感觉到的力量大小等情况将调压杆稍稍拧紧或拧松，才能顺利地启动发动机。

如果要反活塞向上退，应先拧松调压杆，再迅速拨桨，反活塞即可借空气的压力弹上。发动机的反活塞配合得特别紧，用迅速拨桨的办法仍弹不上去时，尤其在感到活塞和反活塞已经相碰时，往往怕弄坏机件而不敢过分用力拨桨，可用带针头的注射器往气缸中注入 2～3 滴混合油，再用力拨桨，如果有混合油燃烧的“啪啪”声，反活塞即能弹上。

用上述方法判断的反活塞位置，还可用下面的方法试验是否适于启动。先不要在油箱中加油，而用注射器从排气口往活塞顶上注入 2～3 滴混合油，然后迅速拨动螺旋桨，这时会有三种情况：

（1）压缩比合适，气缸内有了混合油，拨桨几次后就能听到爆发声，甚至可以转动一会儿，直至混合油烧完才停止。

（2）压缩比太小，其特点是拨桨时感觉不到有压缩气体的力量，或者感觉很轻。即使活塞顶上加了混合油也没有爆发声。这时，应将调压杆再向下拧一些（每次最多不超过 1/8 圈，甚至更少些)，并同时拨桨，直至听到爆发声或拨桨时手上有较重的力量感觉才停止。

(3) 压缩比太大，拨桨时感到很重，这时应拧松调压杆半圈左右。有时，活塞顶上积油太多，压缩时，积油占据了一部分燃烧室容积，也会引起拨桨时“重”的感觉，而被误认为压缩比大了。遇到这种情况，应从排气口将活塞顶上的积油吹去，注入新鲜的混合油再试验。如果压得太多或气缸中积油很多，硬要拨桨就会造成连杆弯曲或曲轴断裂等事故。

发动机首次冷启动时，往往不易打着，能够一次打着的概率很低。不能很快连续运转的原因有很多，如：发动机内部太干燥，加入的几滴油都流到各处去了；发动机温度低，加入的油没有很好地挥发等。因此，只有在拨桨十几下后还听不到响声时，才可往气缸中再加 2～3 滴油。如此反复几次，仍不响时，再根据手指拨桨时的感觉，来判断压缩比情况。

一旦找到适合启动的压缩比，就应反复体会在这种情况下拨桨所感觉到的力量和将活塞拨过上死点时所发出的噗噗声。要善于总结经验，能很快地凭手指的感觉和发动机的声音来判断压缩比和油量是否合适。在有了一些经验以后，即使启动陌生的发动机，也可先往气缸中注入 2～3 滴混合油就拨桨。若不爆发，就再逐渐向下拧调压杆；若感到拨桨重，就退松调压杆，凭手指的感觉调节调压杆的位置。

由于发动机的气缸工作容积、构造、新旧程度、压缩比以及注入油量等因素的变化，手指拨浆时感觉到的力量常常不一样，甚至对于型号和规格完全相同的两台发动机，拨桨感觉也会有些差异。此外，螺旋桨尺寸改变时，需要不同的压缩比，大螺旋桨的压缩比可以小些，一定要根据具体情况处理。

2. 选定油门

在用上述方法选定了合适的压缩比以后再来选定油针的启动位置，如果发动机注油后能爆发或连续转动几下，则说明能继续供应燃料，发动机可以连续运转。

先往油箱中加入混合油，使油面高度与喷油管在同一水平面上，将油针轻轻关到底(用劲不能过大，以免拧坏螺纹或油针脱焊)。然后将油针打开一圈，用手指将进气管口完全堵住，将桨朝逆时针方向转动，这就是平时常说的发动机“吃油”。一边转桨，一边观察混合油是否从油箱经过透明油管流到喷油管，如图 3－5 所示。如果油料不流动，则将油针再开大一些，每次开 1/4 圈或 1/2 圈，逐渐加大，直到将油吸到喷油管口为止。这时，松开堵住进气口的手指，再从排气口加几滴油，拨动螺旋桨启动发动机。发动机转动的时间应该比先前试验时长些。如果发动机仍然很快停止，或者停止前转速很高，这就表明油针还可多打开些，或给发动机再“吃”点油。继续拨桨，直到发动机能够连续地转动。

图 3－5 发动机“吃油”

但是，如果油门过大（油针打开太多），也会造成发动机富油，以致拨桨时很重，启动后不能继续运转，来回反转或转速很低，声音不均匀，排气口喷出的油滴较多，甚至在停车后，不注油仍能把发动机拨响等。这些都说明油门太大了，要关小油针。

发动机出厂前都附有检验单，写有启动时的油针打开圈数。压燃式发动机对调节油针的反应不是很灵敏，但只要熟悉油针的合适启动圈数，就不必过多地调节油针，否则会造成富油或贫油，影响启动。

下述方法可以用来记忆油针和调压杆最合适的启动位置：

（1）将油针从最适合启动的位置逐步拧紧，记住这个圈数；

（2）调压杆在最合适的启动位置时，记住调压杆在气缸头外面露出几个螺纹和调压杆上横柄的方向。

油动发动机的使用与养护

三、常见故障排除

一般在调试过程中，可按表 3-1 介绍的方法和使用说明书进行常见故障排除，若还不能解决问题，则应向专业的技术人员或制造厂家咨询。

表 3-1　电热式发动机常见的故障情况及排除方法

现象	原因	排查方法
发动机完全不爆发	电热塞烧坏	更换电热塞
	油料成分不对	更换燃油
	电热塞内孔积油过多	取下，用气吹出积油再试
	电源接线短路、断路或接触不良	检查并修复
	缺油：“吃油”不够，油针打开太小，油面过低，油路堵塞等	打开油针，检查油路
	过度富油：“吃油”太多，油针打开太大，油面过高等	关闭油针或断开电源，拧下电热塞拨动螺旋桨，排出积油后再启动
	发动机漏气	检查并拧紧
转速提不高	电热塞老化或与压缩比配合不佳	更换合适的电热塞，调整压缩比
	发动机燃烧室中积炭过多	拆开发动机，除去积炭
	螺旋桨尺寸不合适	更换合适的螺旋桨
	发动机磨车不够	继续磨车
有爆发声，但不连续	电热塞被烧坏或积油过多	更换或吹出积油
	供油不畅，油针打开不够，油路堵塞有气泡，油箱通气孔堵塞等	打开油针，检查油路
	启动后断电过早	启动后等几秒再断电

续表

现象	原因	排查方法
转速不稳定	供油不畅、油针松动	检查后排除
	电热塞和压缩比配合不佳	更换合适的电热塞，调整压缩比
	螺旋桨大小不合适或不平衡	更换合适的螺旋桨
	发动机磨车不够	继续磨车

四、维护保养

（一）简单清洗法

（1）将无人机油箱注入半箱汽油，发动机工作后几分钟内可以基本完成清洗。

（2）摇匀化油器清洗剂后从无人机油箱加油口适量喷入十来次。喷入时不能太快且应做好防护，不然会因油箱里的压力较大导致清洗剂回溅，溅到眼睛里引起眼睛剧烈疼痛。若化油器清洗剂溅到眼睛里，则应及时用清水洗净，数分钟后即可缓解疼痛。

（3）让发动机分别在低、中、高速各工作数分钟，并闪推油门数十次。此时清洗剂和着汽油从油箱通过油管进入发动机，完成油路的全程清洗。通过简单清洗法，可以看到发动机的工作状态明显改善。

（二）化油器清洗法

当简单清洗法尚不能让发动机恢复到最佳状态，或化油器里进了污垢时，就需要拆开化油器进行清洗。清洗前应该做好如下准备：化油器清洗剂、毛刷或牙刷、拆卸化油器必需的起子或钳子等工具、装零件的盛物器。

一般污物进入机匣的情况很少，只要清洗好化油器就可以了。拆卸化油器时一定要记住各零件的正反及安装位置。清洗化油器有以下两个方面的注意事项：

（1）清洗时先把发动机外壳清洁干净以免外壳污物进入化油器及机匣。

（2）把化油器从机匣上拆下，拆下化油器滤网放入器皿中清洗干净，并用化油器清洗剂对着各油路喷洗干净后再组装。

任务练习

1. 无人机飞行前为什么要进行试车、磨车？
2. 油动发动机有哪些常见故障？怎样解决？

工匠精神

1. 能够对油动无人机动力系统进行调试、检测、维护、故障排除，培养解决实际问题的能力。

2. 能够掌握合理的工作流程，养成良好的工作习惯。

任务2 电动无人机动力系统维护

任务描述

公司给员工小张派发了工作任务，使用公司测绘无人机进行作业。小张从公司仓库里找到相应的无人机，却发现无人机通电后无反应，且无法查询之前的使用情况记录，这给小张按时完成工作带来了很大困难。你作为无人机专业的学生，希望之前使用无人机的同事如何做？你使用过无人机后打算如何保养维护？

任务目标

1. 掌握电动无人机动力系统组成；
2. 理解螺旋桨、电机、舵机、电调、电池的工作原理，以及相互间的信号流向；
3. 查询无人机维护手册，挑选维护工具，完成故障定位分析；
4. 完成相关资料搜集，以及工具套件的归类整理，总结反思。

知识准备

450 四轴飞行器动力系统维护

一、电动无人机动力系统组成

目前，活塞式发动机系统广泛应用于大型、小型和轻型无人机。出于成本和方便的考虑，微型无人机普遍采用电力系统。如图 3－6 所示为动力系统的电池、电子调速器、电机三个部分的电信号连线图。

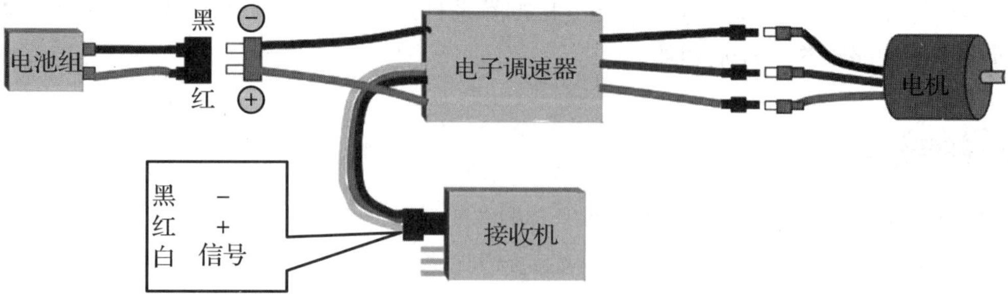

图 3－6 电动无人机动力系统电信号连接图

（一）电机

电机主要有以下两类：有刷电机和无刷电机。

有刷电机和无刷电机的外观如图3－7所示。有刷电机是靠电机内部电刷实现电流的换相，从而驱动电机向一个方向转动，而无刷电机则靠外部的电子调速器来换相，省去了内部的电刷机构。小型和微型无人机常用电动机作为动力源，多旋翼无人机所使用的动力电机多为外转子无刷电动机。

（a）有刷电机

（b）无刷电机

图3－7 有刷电机和无刷电机外观对比图

1. 有刷电机

（1）有刷电机的构造。

有刷电机又名碳刷电机，其内部结构如图3－8所示，定子上安装有磁铁，在其中央装配有缠好线形成线圈的转子，线圈接到整流子上，电刷（电极）与整流子相接触。整流子接到线圈的两端，电刷上接直流电源，电流从正极流入，通过线圈流回负极。一对磁铁（N极、S极）配置在线圈的周围。

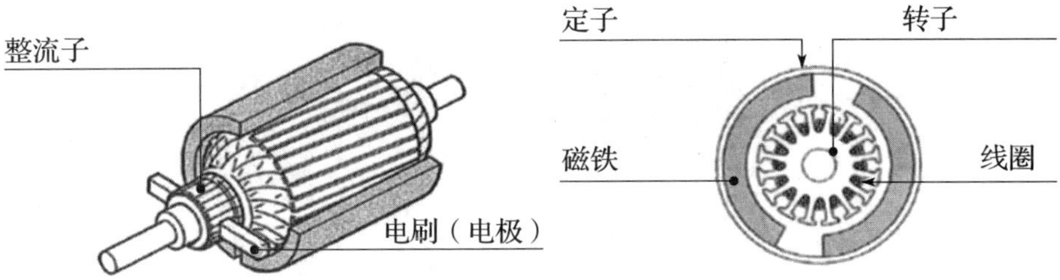

图3－8 有刷电机内部结构

（2）有刷电机的驱动方法。

有刷电机通过电刷与整流子使电流流过线圈，根据左手定则，通电线圈在磁场中受到力的作用，电刷和整流子不断变化改变流入线圈中的电流方向，使得通电线圈在磁场中受到持续的、方向一致的力转动起来。其驱动原理如图3－9所示。

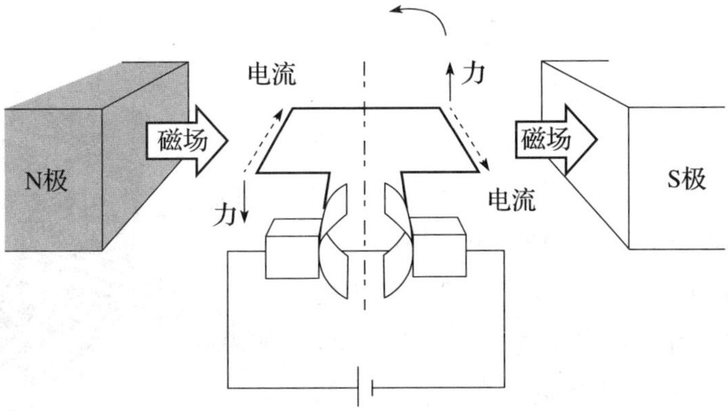

图3－9 有刷电机驱动示意图

2. 无刷电机

（1）无刷电机的构造。

每个无刷电机都由两个主要部分组成：一个定子和一个转子。定子上固定有电磁线圈静止不动，转子是固定有永磁体的旋转部件。目前主要有两种类型的无刷电机：内转子型和外转子型。对于内转子电机，转子在定子“内部”旋转，或者相对于电机外壳进一步向内旋转。当转子在定子“外侧”或进一步向外旋转时，外转子电机具有相反的设置，如图 3－10 所示。两种型号在不同的应用中各有优缺点：当比较相同尺寸的内流道和外流道时，很容易看出所施加的力的直径是不同的，发生这种情况是因为电磁体比承载永磁体的转子占用更多空间。如果电磁线圈位于内部，则与位于外部的情况相比，其直径更大。更大的直径意味着更大的扭矩，因为力施加在离旋转中心更远的地方，而更小的直径对于高转速来说会更好。因此，内转子电机在高速时运行更好，但产生的扭矩较小；而外转子电机可以输出更大的扭矩，但以较慢的速度旋转，在较大的螺旋桨上效果更好。

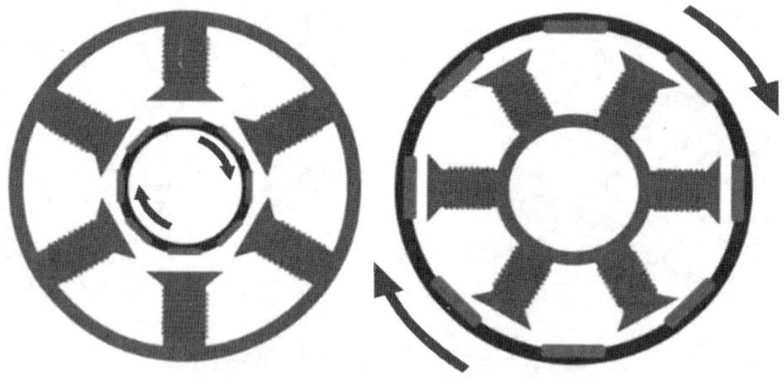

（a）内转子电机　　（b）外转子电机

图 3－10　内、外转子电机结构

多旋翼无人机的动力电机要求带动大尺寸的螺旋桨来提高效率，而外转子电机相对于内转子电机有力矩大的优势，所以我们在设计多旋翼无人机的时候会选择其专用的外转子无刷电机。

无刷电机的内部通常藏有检测转子位置用的磁性元件或光学编码器，检测器由此位置向驱动电路发送信号，如图 3－11 所示。无刷电机功率一般较小，线圈是三相星形接线，如图 3－12 所示。转子使用永磁磁钢、定子使用电磁体的内转子电机如图 3－13 所示。无刷电机内部检测用的磁性元件是霍尔芯片，在定子内侧安装有 3 个，转子旋转时，即从霍尔芯片输出数字信号，如图 3－14 所示。霍尔元件的输出信号为微弱的模拟电压，能够把霍尔元件的输出信号调整放大并

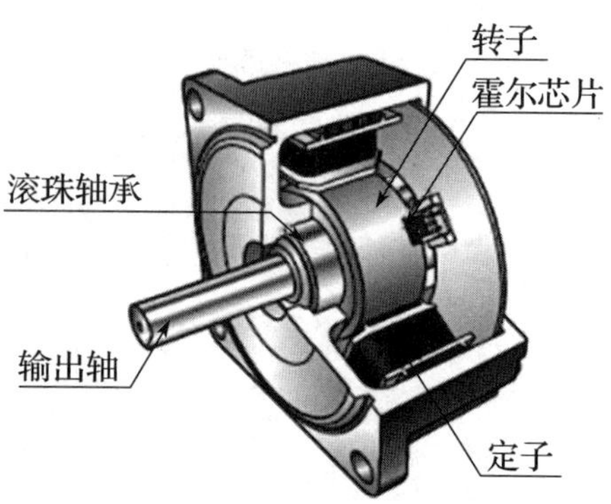

图 3－11　无刷电机内部结构

输出的为霍尔转换元件，如图 3-15 所示，输出 H 级（5V）、L 级（0V）的脉冲信号。

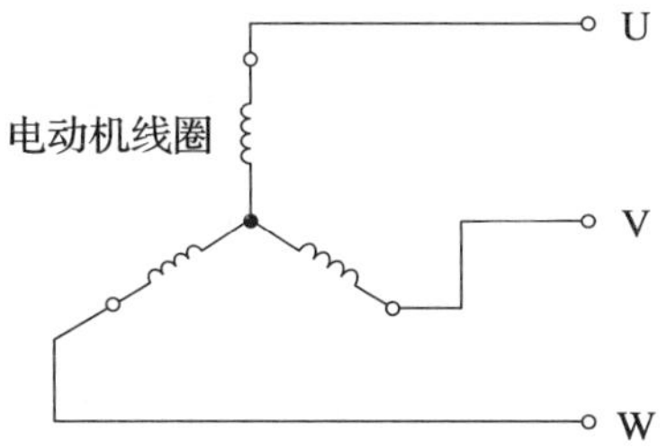

图 3-12 无刷电机线圈结构

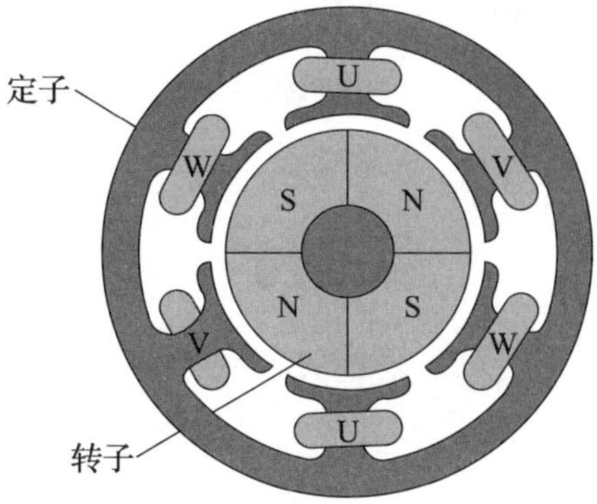

图 3-13 定子、转子结构

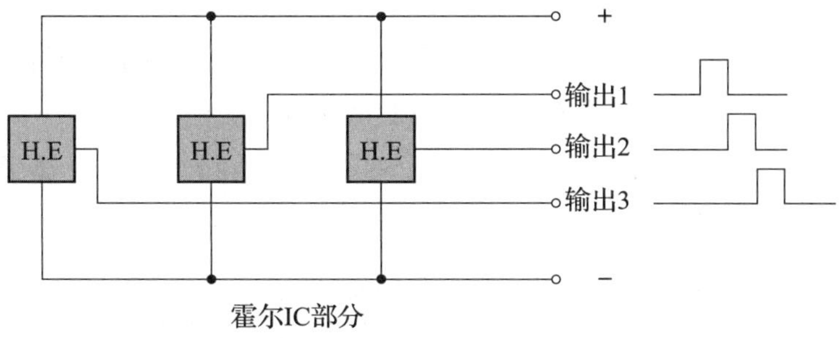

图 3-14 霍尔数字信号输出

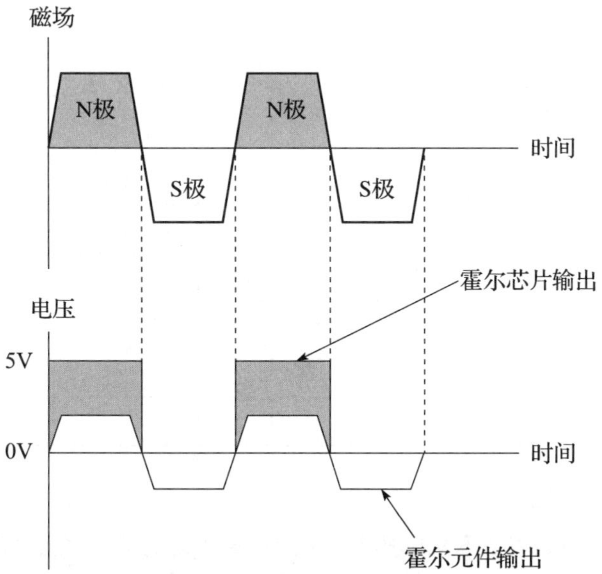

图 3-15 霍尔信号检测与转换

无刷直流电机
工作原理动画

（2）无刷电机的驱动方法。

无刷电机的线圈与开关用晶体管相连接，由 6 个晶体管组成变频器。上下晶体管依照一定顺序交互地重复 ON、OFF，转变线圈电流的方向。电机线圈与电源电路的接线如图 3－16 所示。

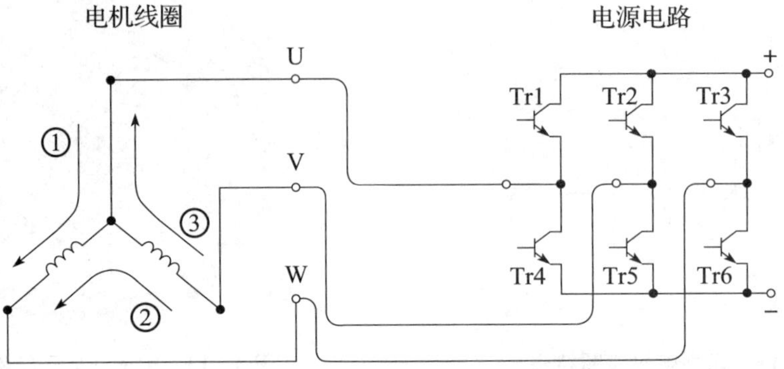

图 3－16　电机线圈与电源电路的接线图

各晶体管的开关顺序见表 3－2。晶体管的开关程序执行步骤①时，晶体管是 Tr1 与 Tr6 为 ON 的状态。这时的线圈电流是从 U 相流到 W 相，U 相被励磁成 N 极，而 W 相则被励磁成 S 极，因此，转子旋转 30°。下一阶段执行步骤②，转子旋转 30°，循环往复，控制电机持续稳定地运行。

表 3－2　各晶体管的开关顺序

晶体管	步骤												
	①	②	③	④	⑤	⑥	⑦	⑧	⑨	⑩	⑪	⑫	⑬
Tr1	ON					ON	ON					ON	ON
Tr2		ON	ON					ON	ON				
Tr3				ON	ON					ON	ON		
Tr4			ON	ON					ON	ON			
Tr5					ON	ON					ON	ON	
Tr6	ON	ON					ON	ON					ON
U 相	N	—	S	S	—	N	N	—	S	S	—	N	N
V 相	—	N	N	—	S	S	—	N	N	—	S	S	—
W 相	S	S	—	N	N	—	S	S	—	N	N	—	S

（3）无刷电机的常见参数。

电机尺寸参数：2212/920KV。其中，22 代表电机定子外径是 22mm，12 代表电机定子高度为 12mm。

电机 KV 值：KV 用来衡量电机的转速与电压的比值，也就是每增加 1V 电压，电机空载转速就会增加多少转/分。1 000KV 的含义是电机在空载状态下，每增加 1V 电压，电机的每分钟转速增加 1 000 转，当然这个电压指的是经过电调调制的方波的平均电压，而不是电池电压。例如，用一块 11.1V 锂电池驱动 1 000KV 的电机，当电调调制的方波的占空比为 50%时，它的平均电压为 5.55V，那么在它空载情况下，每分钟的转速为 5 550 转。

（二）电调

1. 电调的主要作用

无人机的电调，全称是电子调速器（Electronic Speed Controller，ESC），分为有刷电调和无刷电调。图 3－17 所示为无人机常用的一款无刷电调。

图 3－17　无刷电调

多旋翼无人机电调故障

电调的主要功能有：

（1）将电池输入的直流电逆变成电机所需的三相交流电；

（2）接收飞控发出的启动、停止、制动信号，以控制电机的启动、停止和制动；

（3）接收正反转信号，用来控制逆变桥各功率管的通断，使电机产生连续转矩；

（4）接收速度指令和速度反馈信号，控制和调整马达转速。

2. 电调参数的意义

图 3－17 所示的电调是市面上应用较为广泛的好盈电调。其中，2～3S LIPO 表示电调允许接入的电池电压范围；电调上标出的 30A 表示电调的持续输出电流，使用时要大于其控制的电机最大输出电流；BEC 2A@5V 表示电调可以给接收机、飞控等提供 2A@5V 电源。

3. 电调的工作原理

四旋翼无人机电调校准演示

无人机电调就像电池和电机的中间调节人，通过控制电信号来控制电机的转速，还可以通过开关系统将来自电池的直流电转换为电机所需的三相交流电。加大无人机遥控器油门可以增加电机的输出功率，从而改变电调电路中开关打开和关闭的速率。

目前电调常用的协议有：PWM、Oneshot、Multishot 和 Dshot。这几种协议最主要的区别是它们传输信号采用的是不同的频率，频率越高，无人机的操控性越好。另外，Dshot 协议与其他协议的不同之处是它发送的是数字信号而不是模拟信号，本身对电噪声不太敏感，使得信号更加精确并拥有更高的分辨率。

电调内有许多重要组件，包括微控制器、栅极驱动器和 MOSFET，如图 3－18 所示，在某些情况下还包括电池等效电路和设备管理适配器等。

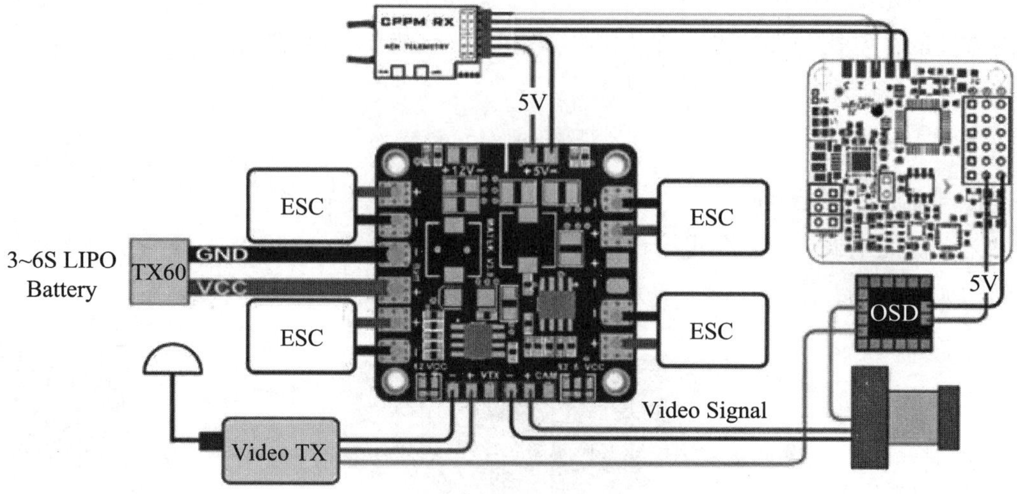

图 3-18　电调内部组件

（三）螺旋桨

螺旋桨是指把发动机或电机的旋转轴功率转化为推进力的装置。在无人机系统中，螺旋桨属于动力系统的一部分，螺旋桨的性能以及螺旋桨与发动机或电机的适配性直接影响无人机的飞行性能。

电机确定后，参数表中会推荐匹配的螺旋桨尺寸，如图 3-19 所示的螺旋桨上标识的 1045 表示螺旋桨的直径为 10 英寸*，螺距为 4.5 英寸，安装时需要注意正、反桨。

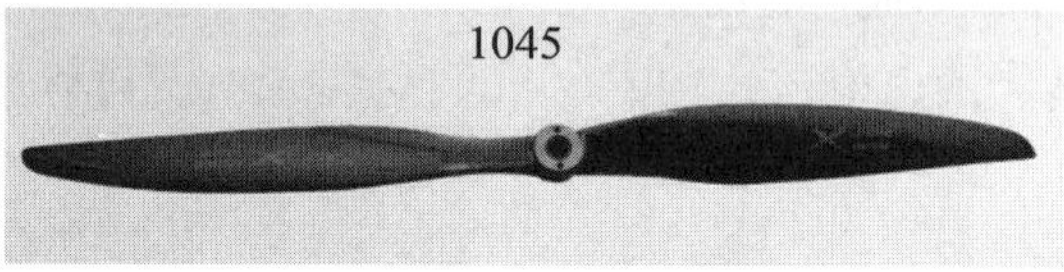

图 3-19　1045 螺旋桨

螺旋桨的选型十分重要，电机和螺旋桨的合理搭配也是对电机的重要维护。图 3-20 所示为不同型号螺旋桨的尺寸，其中 8045 表示螺旋桨的直径为 8 英寸，螺距为 4.5 英寸，其他识别方式以此类推。选型步骤如下：

（1）根据无人机总体布局设计，确定螺旋桨的直径范围，并初步计算不同直径和螺距桨在不同前进比时的气动性能；

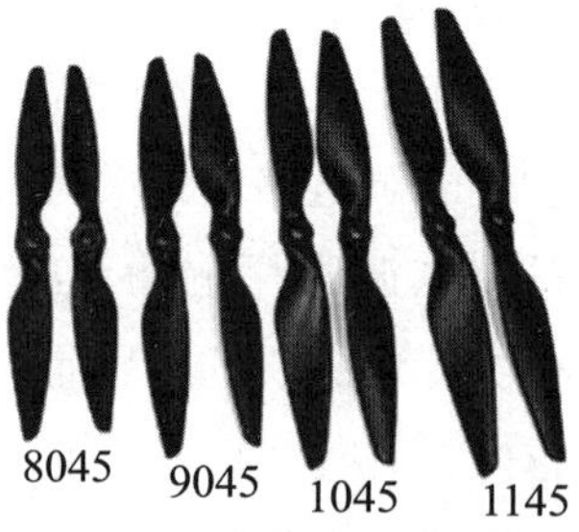

图 3-20　各种型号螺旋桨

* 1 英寸＝0.025 4 米。

（2）确定无人机在不同飞行阶段所需的推力，选择能够同时满足所有飞行条件的螺旋桨；

（3）对待选螺旋桨的性能进行计算和测试，根据评价准则对螺旋桨进行评分，选出最优的螺旋桨；

（4）通过飞行测试，对螺旋桨的性能进行检验。

（四）电池

多旋翼电动无人机的电池一般使用锂聚合物电池，电池外观上标识一些使用指导信息。如图 3－21 所示，4S1P 表示电池串联电芯数量为 4，电池并联组数为 1。根据图 3－22 所示的欧姆定律，我们知道串联电压增加，并联电流增加。电池的标称电压为 3.7V，那么，4S1P 表示电池的额定电压为 14.8V，电池的容量为 5 500mAh。

无人机自动充电箱动画

图 3－21　电池表面参数意义

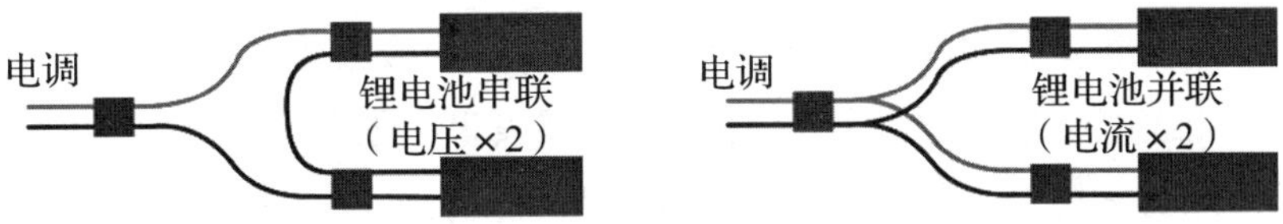

（a）串联　　（b）并联

图 3－22　电池串、并联形式

电池在使用过程中，一般以 0.5～1C（C 表示电池充放电电流与其额定容量的倍数关系）电流充电最佳，最大不超过 2C 充电，这样可以延长电池的使用寿命。切忌过充、过放，欠电压存储。电池表面标识的数字低于 5C 表示电池的最大充电倍率，高于 5C 表示电池的最大放电倍率，例如图 3－21 中 35C 表示电池最大放电电流是 5 500mAh×35C＝192.5A。

二、电动无人机动力系统故障检测与维护

（一）电机故障判断

1. 电机丢相

多旋翼无人机电机故障

电机丢相的常见现象是上电后在低油门的情况下发出“咔咔”的响声。这种故障不是电机本身的问题，而是电机与电调的匹配问题。这种故障通常随机出现在某一台电机上，都是在低油门阶段发生的。它

会影响无人机在低油门时的动力输出，因为此时电机会瞬间产生反作用力，导致螺旋桨失去动力，使无人机瞬间失去动力。为了避免出现电机丢相的故障，飞行前应检查电调的进角设置是否正常。这种故障一般是电机质量问题或多个电机之间质量差异较大所致，出现这种故障时需更换电机或更换电机的供应商。

2. 电机过热

电机过热会导致电机消磁。对于各种电机，内部的永磁体是驱动电机的关键所在。而无刷电机在负荷过高或者内部掉入杂物时会使温度急剧增高，当温度达到 150℃时，永磁体会突然消磁，也就是说多旋翼无人机会在空中突然失去动力，这会很危险，因此要注意电机平时的维护，正常运行是不会达到这样的温度的。

3. 电机安装问题

电机安装问题往往与螺旋桨的安装相关。固定螺旋桨的螺丝有正反扣之分，螺丝扣必须与螺旋桨的旋转方向匹配。正确安装的螺旋桨会越转越紧，若安装错误则无人机起飞后螺旋桨会松脱。

除了以上故障外，当无人机碰触障碍物时可能会发生电机爆裂，当电机进水时可能会发生电机短路，当电机内飞进尘土时可能会出现电机堵转等现象。

4. 对可拆卸无刷电机的故障检测与维护方法

（1）把电机的三根电源线短接，转动电机，若有阻尼现象则表明电机电源线完好，否则电机电源线已断开。在确定电源线断开后，重新焊接香蕉头。

（2）用万用表电阻挡（200 欧姆挡位），两个表笔分别接触电机的两条电源线，若有阻值显示则说明电机电源完好，若阻值为 1 欧姆左右（电机阻值视不同电机而定）则说明电机电源线短路。在确定电机电源线短路后，对可拆卸电机重新绕线。

（3）清擦电机：清擦电机上的尘土、污泥，若自然环境尘土较多，则建议每一次飞行后清理一次。查验接线端子防脱锁扣是否松脱、裸露。查验各固定不动部分的螺钉，将松脱的螺帽扭紧。查验电机旋转是否合规，用手旋转传动轴查验是不是灵便，如果出现摩擦、卡滞、窜轴和异常声响，则应及时更换。若插电以后，某一电机不转或转速比很低，或者出现异常声响，则应先关闭电源；若插电时间较长，则很有可能损坏电机，乃至毁坏控制回路。

（二）电调故障检测

无人机电调故障部分检测与维护

电调与三个设备相连：当电调与飞控相连时会从飞控中读取油门信息，通常为 PWM 信号；当电调与电源管理系统相连时，会从电源管理系统获得动力电源；当电调与电机相连时，会以三相电的方式将动力输送到电机。因此，电调的故障主要与这三个方面相关。

与飞控相关的故障可以通过特定的报警声音判断，当出现报警声时可能是飞控与电调的连接问题，也可能是飞控本身没有输出信号，所以想要准确判断故障，需要对连接线和飞控本体进行逐一排查。

电调与电机是通过三相电相连的，当电机发生转向错误时，只需要将三根线中的任意两根交换连接即可解决。

多旋翼无人机电调顺序安装错误是比较难以检查的一种故障。不同位置的电调必须按照飞控通道的规定来连接，而不同飞控的规定又不相同，因此很容易出错。要检查这个问题，只能沿着每个电调的信号线一点点向上跟踪，找到与它相连接的飞控通道，再向下跟踪找到它驱动的电机，这样才能看出是哪个电调连接错误。当发生电调顺序安装错误时，无人机无法正常控制，起飞后会向一个方向偏转而偏离预定航线。

电调过热是另一种常见故障，主要表现为无人机降落后用手接触电调或用测温仪检测时，可以明显感受到电调温度异常升高。

电调过热的原因通常有以下几点：

（1）电调质量问题，导致发热过高；

（2）动力输出不平衡，单个电机负载过大导致对应电调过热；

（3）选用的电调参数不匹配，负载超过电调额定功率。

对于电调过热故障，需要检查动力平衡情况，并调整电调参数，才能找出过热的根本原因。电调使用的注意事项：电调要放置在干燥、无尘的环境中；电调的接插头要防止虚焊，避免高温导致焊点熔化；注意电调的散热装置，防止高温燃烧；工作前、中、后都要检查散热装置的稳定性。

（三）螺旋桨维护

螺旋桨作为无人机的重要组成部分，起到了提供升力和推进力的关键作用。因此，对螺旋桨进行定期维护保养是确保无人机正常运行和延长其寿命的重要步骤。定期清洁螺旋桨表面、检查平衡、检查叶片损伤、润滑轴承、检查紧固件和避免碰撞都是常见的维护保养方法。正确实施这些方法可以保证螺旋桨的良好工作状态，提高无人机的飞行安全性和可靠性。

在使用一段时间后，固定螺旋桨的垫圈（尼龙）会被合金材质的电机桨叶安装座磨损掉，如图3-23所示，所以需要根据使用频率有周期性地更换，平均每飞行100小时更换一次。

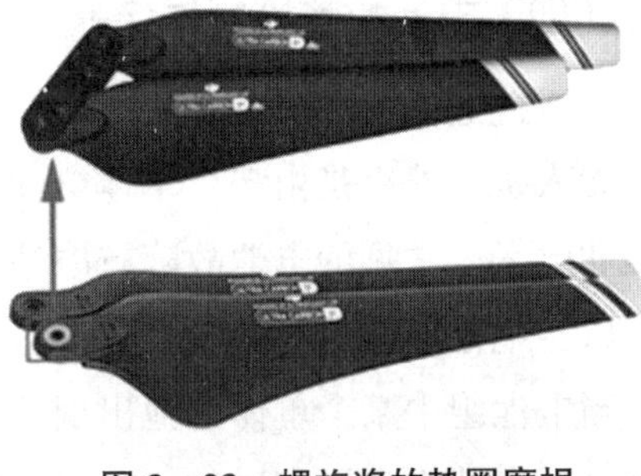

图3-23 螺旋桨的垫圈磨损

1. 清洁螺旋桨表面

在无人机飞行过程中，螺旋桨表面会积累灰尘、油污等杂物，影响螺旋桨的工作效率。因此，定期清洁螺旋桨表面是必要的维护保养步骤。清洁时应使用柔软的毛刷或棉布轻轻擦拭螺旋桨表面，注意不要用力过猛，以免损坏螺旋桨。

2. 检查螺旋桨的平衡

螺旋桨在使用过程中可能会出现失衡问题，导致无人机飞行不稳或产生异常振动。因此，定期检查和调整螺旋桨的平衡是必要的。可以使用专业的螺旋桨平衡器进行检测和调整。在调整平衡时，需要将螺旋桨安装在平衡器上，根据平衡器的指示进行调整，直至螺旋桨平衡。

3. 检查螺旋桨叶片的损伤

螺旋桨叶片在使用过程中可能会受到撞击或其他外力造成损伤，这些损伤会影响螺旋桨的工作效果和安全性。因此，定期检查螺旋桨叶片的损伤情况是必要的维护步骤。可以用手轻轻触摸螺旋桨叶片，检查是否存在裂纹或变形等情况，若发现损伤，则应及时更换叶片或进行修复。

4. 润滑螺旋桨轴承

螺旋桨轴承是螺旋桨的重要部件，保持其正常润滑状态可以减少摩擦和磨损，延长使用寿命。因此，定期对螺旋桨轴承进行润滑是必要的维护保养步骤。可以使用专用的润滑剂，根据制造商的建议进行涂抹或滴注。注意不要使用过多的润滑剂，以免影响螺旋桨的正常工作。

5. 检查螺旋桨紧固件是否松动

螺旋桨在使用过程中，由于振动等原因，紧固件可能会出现松动的情况。松动的紧固件会影响螺旋桨的工作效果和安全性。因此，要定期检查螺旋桨紧固件是否松动，如果发现松动，则应及时进行紧固。

6. 避免螺旋桨碰撞

螺旋桨在地面运行或维护时，容易受到碰撞造成损坏。因此，在地面操作时，应特别注意避免螺旋桨碰撞。可以在螺旋桨周围设置警示标识，提醒操作人员注意避开螺旋桨。同时，在维护过程中，也要注意轻拿轻放，避免对螺旋桨造成不必要的破坏。

（四）电池故障检测与保养

1. 电池故障检测与处理

无人机电池组是由多个单体电池并联或串联组合而成的，以达到无人机飞行所需的电压和电量。常见的电池故障有电池单体故障和电池组故障。

（1）电池单体故障。

当电池组中某个单体电池出现故障时，该电池的电压会比正常电池降低得更快。因为充电后电池组是平衡过的，所以各单体电池的电压应该相同。到后期故障严重时，电池单体故障表现为充电时无法平衡、预计 1 小时充满电的电池组要充 3 小时才充满、无人机续航时间大大缩短等。这时，通过电压报警器检测每个电池的电压数据会发现有单体电池的电压与其他电池的电压不同。

（2）电池组故障。

电池维护

当电池组达到使用寿命后期时，会出现无人机在相同条件下续航能力大幅下降，或者充电器显示充入电量远低于标称电量的情况。导致电池组故障的主要原因是充放电不当。无人机电池组需要承受大电流放电，而带有大电流保护的电池组成本高，所以无人机电池组上通常没有保护，很容易过放。到了使用寿命的电池组需要更换，同时注意按照规范充放电，避免过充过放，只有这样才能最大限度地延长电池组的使用寿命。

2. 电池维护与保养

多旋翼无人机大多采用锂聚合物电池作为动力来源。目前阶段，锂聚合物电池是技术成熟、能量大、放电强的电池，但是依然会受到使用环境的影响。锂聚合物电池组可以在－20℃～80℃下放电，但是最佳的放电环境是 10℃～50℃，实验室测得在低于 0℃时电池的放电能力衰减为 70%，在－10℃以下电池的放电能力衰减为 50%。另外，锂电池组也怕高温，高温环境下充放电，电池容易鼓包，影响充电的能力，带来漏液起火的危险，影响使用寿命。

无人机如果需要在低温环境下飞行，那么在飞行前可以使用刚充满带常温温度的电池，或者对电池进行预热，比如用汽车发动机烘热、空调吹热等，在电池上还可以贴个保暖贴，待电池温度达到 10℃以上时再使用，这样即可保证电池在飞行过程中不会因温度大幅降低而影响放电。过热的电池也需要待冷却后再充电，充满后装箱携带运输。运输过程需要使用专用的电池运输箱，如图 3－24 所示。使用电池管理箱存储电池，把电池安放到位，可以减震，防止短路，也具有一定的保温功能。

图 3－24　电池管理箱

在电池的使用上要坚持六个“不要”，采取正确的使用方式可以使电池的寿命更长。

（1）不要过充。

这对充电器有要求，有些充电器在充满以后断电功能不完善，导致单片电池电芯充满到 4.2V 还没有停止充电。另外，有些充电器使用一段时间以后，由于元器件老化，也容易出现充满而不停止的问题，因此即使是质量可靠的多功能充电器也一定要设定好准确的满电电压和合适的充电时长。锂聚合物电池充电时一定要有人照看，当发现充电时间过长时，要人工检查充电器是否出现故障，如果出现故障要尽快拔掉电源，否则锂聚合物电池过充的话，轻则影响电池寿命，重则直接出现爆炸起火。

（2）不要过放。

电池的放电曲线表明，刚开始放电时，电压下降得比较快；放电到 3.7V 与 3.9V 之间时，电压下降得不快。但一旦降至 3.7V 以后，电压的下降速度就会加快，控制不好就会导致过放，轻则损伤电池，重则电压太低造成炸机。有些使用者因为电池较少，所以每次起飞都会过放，这样会大大缩短电池的使用寿命。要充分利用电池报警机制，若收到报警信息就应尽快返航降落。

（3）不要满电长期存放。

充满电的电池，不能满电保存超过 5 天，如果超过一个星期不放电，电池就容易出现鼓包，电池的再充电能力会大大降低。因此，正确的方式是，在接到飞行任务后再充电，电池使用后若在 3 天内没有飞行任务，则将电池单片电压充至 3.8～3.9V 保存。如果充好电后出于各种原因没有飞，也要在充满电后 3 天内把电池电压放电到 3.8～3.9V 保存。若在 3 个月内没有使用电池，可将电池充放电一次后继续保存，这样可延长电池寿命。即使是一些智能电池有智能放电保存功能，也需要每 2 个月充满循环一次。电池应放置在阴凉的环境下贮存，长期存放电池时，最好能放在密封袋中或密封的防爆箱内，建议环境温度为 10℃～25℃，且干燥、无腐蚀性气体。

（4）不要损坏电池外皮、电线。

电池的外皮是防止电池爆炸和漏液起火的重要结构，锂聚合物电池的铝塑外皮破损将会直接导致电池起火或爆炸。电池要轻拿轻放，在无人机上固定电池时，要安装紧固，防止在做大动作飞行或摔机时，电池因为扎带不紧而甩出，造成电池外皮破损。

（5）不要短路。

在电池使用与运输过程中，电池的触点、线头部分一定要保持干燥，远离金属等导电物体。

450 四轴飞行器动力系统装调

（6）不要混用。

不同的无人机、设备使用的电池的容量、电压、尺寸等都不一样，在使用过程中尤其要注意无人机所需与电池所能提供的电压和容量相匹配。对于需要使用多块电池的无人机来说，也不可以使用品牌不同、新旧不同、品质不一的电池，否则会造成供电不稳。

（五）分电系统故障

分电系统又叫电源管理系统，其主要作用是把电池组的电分配给各个用电设备，对电池组进行降压等。分电系统故障主要有以下几种表现：

（1）飞控报出电压异常警报。飞控使用的电源是分电系统分配过来的低压电，如果电压波动超出可接受范围就会报警。

（2）无人机设备突然重启，如飞控、GPS 等关闭后又重新开机，可能是供电电压波动或异常所致。

（3）单个电机不转或电调报警。这时需要检查电调是否得到正常供电。

（4）电调过热或着火。这通常是电调与电源电压不匹配导致的，电压过高会使电调大量发热或损坏。

针对分电系统故障，需要检查电压参数设定、供电线路完好性、电源系统元件是否损坏等，只有这样才能找出问题出现的原因。

（六）动力电源系统检测

无人机的动力电源系统从电池到分电板再到电调和电机，需要进行电压检测、电流检测、电机三相电方波检测。

（1）电压检测：测量电池输出电压、分电板输出电压是否正常。

电压检测分为静态电压检测和动态电压检测：静态电压检测是通过万用表或“BB响”测量电池组总电压、单体电压以及分电板输入输出电压；动态电压检测是使用电源检测模块实时传输，或者用望远镜远程观测“BB 响”显示。

（2）电流检测：测量各路输出电流是否均衡、是否过大。

电流检测分为静态电流检测和动态电流检测：静态电流检测是使用直流钳表，钳在电路输入输出线上测量总电流和各路电流；动态电流检测是使用台架将无人机固定好后用直流钳表钳在相应的位置，推油门测量电流。

（3）电机三相电方波检测：检测电机三相电压波形是否正确，以判断电调向电机输出是否正常。

（七）舵机的维护

有的舵机无滞环调节功能，控制死区范围调得小，只要输入信号、反馈信号总是波动，它们的差值超出控制死区，舵机就会发出信号驱动电机。另外，如果舵机齿轮组机械精度差，齿轮组虚位大，带动反馈电位器旋转，旋转步范围会超出控制死区范围，那么舵机必将调整不停。舵机常见的十大故障现象及解决办法如下：

（1）控制系统在控制死区范围外的小范围内总做调整。

解决办法：舵机一般控制死区范围为±0.4%，滞环可设置为±2%。

（2）有的舵机炸机易烧电路板。

解决办法：系统中设计过流保护、在电机回路中接压敏电阻等，防止瞬间过压，以及在功率器件前端设计有吸收电容。

（3）炸机后舵机电机狂转，舵盘摇臂不受控制，摇臂打滑。

解决办法：齿轮扫齿了，换齿轮。

（4）炸机后舵机反应迟钝，发热严重。

解决办法：舵机电机堵转后过载导致的发热严重，应更换舵机。

（5）炸机后舵机打舵无任何反应。

解决办法：回路断路检查，测试空载电流，驱动器检查更换。

（6）舵机摇臂只能一边转动。

解决办法：舵机电机是好的，主要检查驱动部分，有可能烧了一边的驱动三极管，更换驱动三极管即可。

（7）维修好舵机后通电，发现舵机向一个方向转动后就卡住不动了，舵机吱吱地响。

解决办法：舵机电机的正负极或电位器的端线接错了，电机的两个接线换个方向就可以了。

（8）崭新舵机通电发现狂抖，但是推一下遥控器摇臂后，舵机一切正常了。

解决办法：卸下后盖，在舵机电机与舵机减速齿轮之间挤点牙膏，安装好，用手反复旋转摇臂碾磨金属舵机齿轮，直至齿轮运转顺滑、齿轮摩擦噪声减小后，将舵机齿轮卸下用汽油清洗，组装好即可。

（9）拨动遥控器摇杆，舵机有正常的反应；固定遥控器摇杆，故障舵机摇臂还在慢慢地运行，并来回动作。

解决办法：卡在舵机末级齿轮中电位器的金属转柄，与舵机摇臂大齿轮（末级）结合不够紧密，导致舵机无法正确寻找遥控器发出的位置指令，反馈不准，使电位器与摇臂齿轮紧密结合，故障可以排除。

（10）故障舵机不停地抖舵，排除无线电干扰，推一下遥控器摇臂后仍旧抖动。

解决办法：电位器老化，更换电位器，或者直接报废，当配件。

任务练习

1. 简述无人机动力系统的组成及信号流向图。
2. 无刷电机和有刷电机的区别是什么？
3. 简述电机、电调、螺旋桨、电池常见的故障与解决方案。
4. 舵机有哪些常见故障？怎样解决？

工匠精神

1. 能够对电动无人机动力系统进行调试、检测、维护、故障排除，培养解决实际问题的能力。
2. 培养动手能力和不断学习的探究精神。

项目小结

通过本项目的学习，学生掌握了油动无人机和电动无人机动力系统结构特点和维护方法，不仅培养了对无人机动力系统进行调试、检测、维护、故障排除等技术能力，还通过合理的工作流程，培养了细致严谨的工作态度，以及动手实践和总结提高的学习习惯。

课证融通

本项目内容与无人机检测与维护职业技能等级证书相融通部分见表 3－3～表 3－5。

表3-3　无人机检测与维护职业技能等级要求（初级）

工作领域	工作任务	职业技能要求
航前准备与检测	系统拆装与连接	能将无人机组件拆解并装箱运输
		能安装与紧固电池
	系统航前检测	能进行电池充放电
		能按照安全操作程序完成电池电量检测
		能完成多旋翼无人机系统中辅助定位系统校准操作

表3-4　无人机检测与维护职业技能等级要求（中级）

工作领域	工作任务	职业技能要求
无人机机体拆装	固定翼无人机拆装	能完成机翼与翼面舵机的拆装
		能完成动力装置的拆装
	无人直升机拆装	能拆装尾桨与传动舵机
		能完成动力装置的拆装
动力装置维护维修	活塞发动机维护	能更换火花塞等部件
		能拆装与清洗化油器
		能调校油针开度
		能进行润滑维护处理
	外转子电动机维护	能改变电机旋转方向
		能完成转轴润滑操作
		能更换外转子电动机
		能更换电子调速器
	动力能源组件相关维护	能按气候条件调配汽油与润滑油
		能按程序加注燃油
		能测量电池组单体电压
		能改造动力电池电芯串并联
		能按照电池特性安全、合理地完成电池存放

表3-5　无人机检测与维护职业技能等级要求（高级）

工作领域	工作任务	职业技能要求
机械部件与材料维护维修	密封与防腐操作	能完成飞行后发动机及油路的相关处理
		能完成除锈润滑剂的操作
		能完成夹胶热缩管处理等操作
	无人机系统机械故障隔离与排除	能进行电动动力系统故障定位与排除
		能进行油动动力系统故障定位与排除
		能判断电池异常原因并处理

项目实训

一、实训地点

无人机制造实训室等，应具备螺丝刀、内六角扳手、电烙铁等实训工具及实训桌。

二、实训设备

无人机随机设备及工具见实训工卡 3，六旋翼油动无人机如图 3－25 所示。

图 3－25　六旋翼油动无人机

三、实训过程

（一）实训流程

流程一：教师进行实训前“6S”管理说明及安全教育。

流程二：班长组织学生进行分组，选取组长，并将分组情况汇总交给老师。

流程三：各组长领取实训工卡，确定实训内容，领取实训所需工具，并清点下发的实训耗材。

流程四：各组按照制定的实训步骤进行实训操作。

流程五：各组长汇报实训结果，进行课堂讨论。

流程六：教师验收实训结果，并打分。

流程七：整理实训室台面。

（二）实训内容

1. 发动机定期维护保养

发动机工作时间达到了 30 小时后要进行首次保养，首次保养后请按照发动机定期维护保养单（见表 3－6）进行维护保养。图中√表示“需要做”，×表示“无法使用”，☆表示“需要更换”。

表 3－6　发动机定期维护保养单

检查项目	检查时间（h）								
	30	70	100	130	170	200	230	270	300
火花塞	清理电极内积炭，若操作不当导致电极断裂，应及时更换								
	√	√	☆	√	√	☆	√	√	×

续表

检查项目	检查时间（h）								
	30	70	100	130	170	200	230	270	300
活塞环	清理表面积炭，若操作不当导致出现裂痕，应及时更换								
	√	√	☆	√	√	☆	√	√	×
活塞	清理活塞顶部积炭，若操作不当导致出现深度划痕，应及时更换								
	√	√	√	√	√	☆	√	√	×
气缸	清理积炭，若操作不当导致出现深度划痕、多片散热片弯曲变形，应及时更换								
	√	√	√	√	√	☆	√	√	×
石棉垫	气缸石棉垫、电喷石棉垫按规定时间更换								
	☆	☆	☆	☆	☆	☆	☆	☆	×

物品准备：汽油、毛刷、毛巾、力矩扳手、加长5mm内六角扳手、14mm套筒、机油、壁纸刀。

操作步骤如下：

（1）拆下火花塞，使用壁纸刀刮积炭，露出金属表面即可。使用汽油清洗。请勿用力过猛导致电极尖端断裂。

（2）发动机拆卸前做好划线标记，以确保安装后与之前相同。使用5mm T形内六角扳手拆下缸头，注意纸垫。

（3）使用汽油、刷子清洗缸内积炭，然后清洗缸头外表面。

（4）（拆下活塞环并清洗）本次清理无须拆卸，使用毛刷蘸取汽油清洗活塞环表面即可。

（5）使用三角刮刀清理活塞顶部积炭，露出金属表面即可，切忌用力过猛破坏活塞顶部。

（6）活塞表面、缸头内部都需要涂抹机油。

（7）对准活塞环定位销捏住活塞环，保证拆卸前标记处对齐，注意活塞大边与小边安装缸头。

（8）按照12N·m力矩紧固缸头螺栓，按照18N·m力矩紧固火花塞。

（9）热车后，按照力矩再次紧固。

（10）使用汽油清洗空气滤清器、电喷门轴等零件。

2. 发动机启动准备流程

无人机在启动发动机之前，需要依据图3-26所示的流程检查发动机各部件能否正常工作。确定无误后，清理无人机飞行场地人员，确保周边飞行安全后方可启动发动机工作。

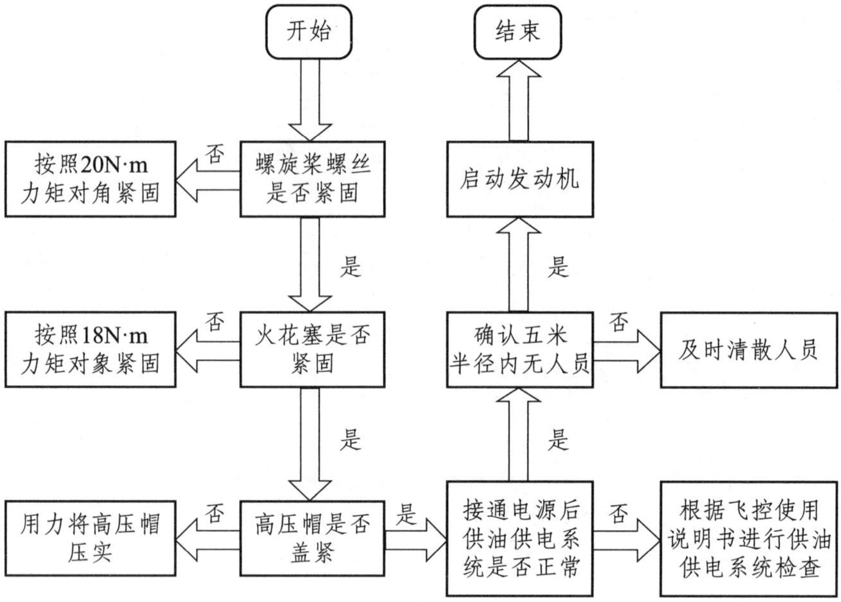

图 3－26　发动机启动流程

3. 油动无人机动力系统维护保养操作

工卡 3

油动无人机动力系统维护实训工卡

工卡标题	油动无人机动力系统维护与保养		
机型	大壮六旋翼无人机	工种	无人机装调检修工
机号	N/A	工作区域	无人机制造实训室
版本	R3	工时	________分钟
制定人		制定日期	
任务要求	1. 供油系统维护保养； 2. 电喷系统维护保养； 3. 动力系统维护保养。		
注意事项	1. 发动机的维修保养至关重要，本部分可作为正确使用和维护本产品发动机的指南，任何不正当操作都有可能造成严重后果。 2. 电喷的维修，主要是保证电喷各零件的密封性，使发动机工作更稳定。根据使用环境需要对电喷配件、空气滤清器、进气孔进行清洗，并紧固螺栓。 3. 如需更换部件，务必使用原厂配件，如有疑问请咨询销售厂商。 4. 本产品紧固螺栓（除配合防松螺母使用的螺栓）都需要使用力矩扳手进行紧固，必须严格遵循指定力矩。 5. 如遇其他本部分未涉及的问题，请及时联系维修人员。		

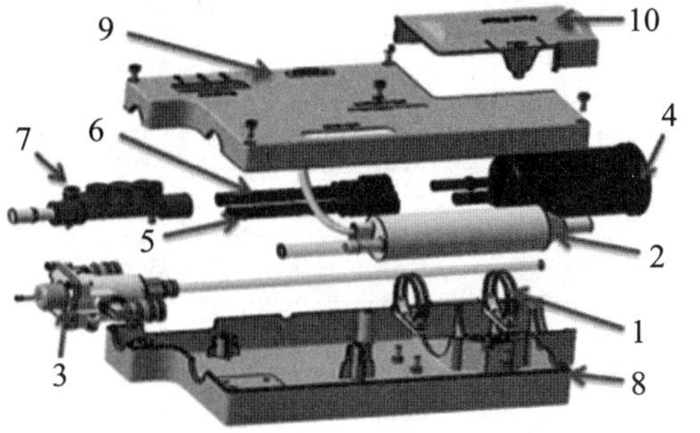

1—油泵支架；2—油泵；3—卸压阀；4—燃油滤清器；
5—9.49直通ID8快插接头；6—7.89 直通ID8快插接头；7—一分六分油器；
8—供油盒下盒；9—供油盒上盒；10—供油盒油滤盖

供油系统结构图

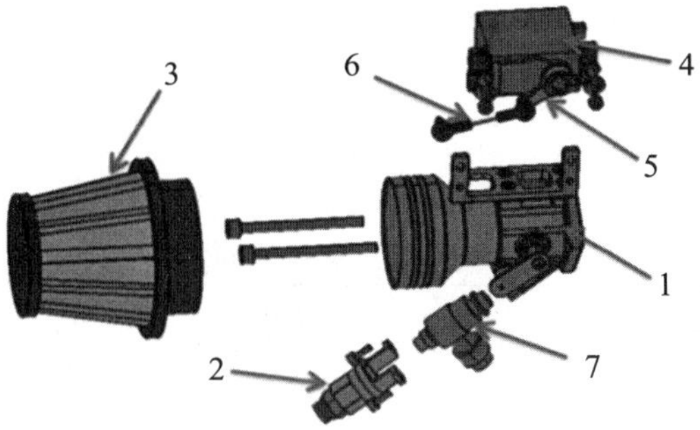

1—电喷主体；2—电喷嘴支架；3—发动机空气滤清器；
4—舵机；5—舵机摇臂；6—球头拉杆；7—电喷嘴

电喷结构图

实训室“6S”管理要求	1. 实训桌台面整洁，不放置与本实训任务无关的物品； 2. 工具、配件摆放整齐； 3. 保证工具、散件、设备齐全且数量足够； 4. 安全用电，规范操作。

组装散件/设备/工具

类别	名称	规格型号	单位	数量	清点	组长签字
设备散件	Futaba T14－S 日本手	与美国手遥控器二选一	套	1		
	Futaba T14－S 美国手	与日本手遥控器二选一	套	1		
	螺旋桨（正桨）	32 寸正桨	副	1		
	螺旋桨（反桨）	32 寸反桨	副	1		
	6S 电池组件	采用 6S 22 000mAh 电池。焊好接头，粘 3M 毛面魔术贴	组	1		
	数传地面端模块		套	1		
	手持 GPS	配套数传使用	个	1		

设备散件	USB-Micro 数据线	配合手持 GPS 使用（1m）	条	1		
	USB 公对公数据线	配合数传地面端使用（0.5m）	条	1		
	地面端数传天线	30dB 车载吸盘天线，线长 3m	套	1		
	5L 配油壶		个	2		
	电池充电器套装	充电器和 2 条转换线	套	1		
	手持抽油器		个	1		
	绿色喷嘴		个	6		
	粉色喷嘴		个	6		
工具	T 形球头内六角扳手	4mm	个	1		
		5mm	个	1		
		6mm	个	1		
	风批套筒	4mm 长杆内六角扳手	个	1		
		5mm 长杆内六角扳手	个	1		
		6mm 长杆内六角扳手	个	1		
		14mm 套筒	个	1		
	力矩扳手	1～25N·m	个	1		
	棘轮头	3/8 寸	个	1		
	木柄螺丝刀十字	3 寸（75×5）	个	1		
	木柄螺丝刀一字	3 寸（75×5）	个	1		
	工具箱	17 寸	个	1		

维护保养过程中的问题现象及处理方法			
系统	部件	问题现象	处理方法
供油系统	油泵	若油箱进入异物，长时间工作可能会造成油泵进油口处堵塞，油泵供油不足，严重时会使油泵内部零件受损导致油泵本身吸力不足，供油异常	若发现油泵进油口处存在杂质堵塞油泵，则将进油口处的油管拔开，及时将杂质清理掉。遇到油泵内部堵塞使零件受损时，应及时更换油泵。油泵的使用寿命约为 3 600 小时
	燃油滤清器	若燃油滤清器被燃油内的细小杂质堵塞，将会影响对发动机的正常供油，长时间工作会导致燃油滤清器失效，杂质进入供油管，将会堵塞电喷，导致发动机工作不稳定	为确保燃油滤清器内燃油纯净、无杂质，应每工作 75 小时清洗 1 次，清洗时将燃油滤清器反装（油滤出油管连接油泵，进油管联通大气），用卡箍固定油管防止漏油。启动油泵，冲洗油滤 5 次，每次 1 分钟（冲洗次数与时间视实际情况而定）。工作 150 小时后必须更换
	供油管	若油管表面存在深度划痕、剥落、老化现象，将会影响飞行安全	出现以上现象应及时更换，并且要确保供油管接口处保持清洁。供油管使用寿命为 6 个月

电喷系统	节气风门	节气风门螺栓长时间振动可能会产生松动，导致节气风门与阀体密封性不好。此现象将会导致遥控器关锁后发动机不停转	节气风门螺栓松动时使用 243 螺纹紧固胶重新安装
电喷系统	电喷嘴	油滤失效后导致异物进入电喷嘴造成堵塞，使发动机工作不稳定	拆掉喷油嘴支架，取出电喷，准备内径为 6mm 软管，用温枪加热软管，套入电喷嘴尾部，软管另一端和化油器清洗剂喷管用卡夫特胶连接，保证电喷、软管、化油器清洗剂间是密闭的。按压化油器清洗剂，开启电喷，使电喷喷射化油器清洗剂，喷射 5 次，每次 10 秒。电喷嘴清理周期为每工作 200 小时
	空气滤清器	由于长时间的工作或者工作环境的恶劣，空气滤清器上附着灰尘较多，节气风门及进气口也会附着较多灰尘，影响发动机进气量。长时间工作也可能造成空气滤清器胶水开裂导致破损	取下空气滤清器，用汽油将其清洗干净，并将节气风门及进气口处清洗干净。累计使用 30 小时后需要进行检测。如有破损，应及时更换
	舵机螺栓	舵机、连杆上的螺栓若出现松动，会影响其正常工作，严重情况下将会影响发动机工作的稳定性	工作 30 小时后应检查舵机、连杆上的螺栓是否松动，更换防松螺母

动力系统维修保养指导

一、火花塞维护

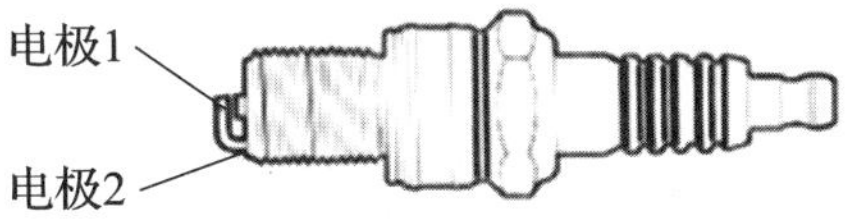

火花塞结构图

（一）问题现象

1. 积炭过多

使用时间越长，电极 1 与 2 之间的积炭越多，造成无法正常点火。新火花塞每工作 30 小时后必须清理积炭，若不及时清理则可能造成电极炭化断裂，如下图所示。

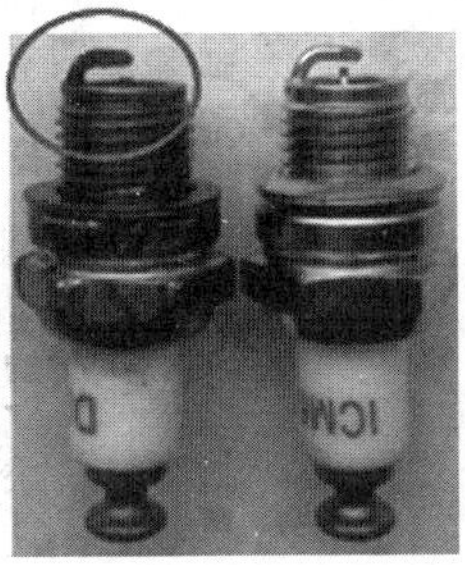

火花塞电极炭化断裂

2. 火花塞被打湿

长时间以错误方式启动发动机，发动机缸头内会堆积大量液态燃油，导致火花塞电极被打湿，造成点火不正常。

（二）维修保养物品准备

汽油、力矩扳手、加长5mm内六角扳手、14mm套筒、壁纸刀。

（三）维修保养步骤

（1）拔下高压帽，使用14mm套筒配合力矩扳手使用，拆下火花塞；

（2）使用壁纸刀刮电极之间的积炭；

（3）使用汽油清洗，露出金属表面即可（新火花塞累计工作30小时后必须清理积炭。）

（四）检验

将ECU高压帽紧扣到火花塞上，保持ECU供电，旋转螺旋桨给霍尔元件信号，观察火花塞是否有跳火现象，有则证明火花塞正常工作。

（五）注意事项

（1）在维修保养过程中不要用力过猛，或者随意扭曲电极2，导致电极1与电极2之间的间隙大于1mm，影响发动机正常工作。

（2）发生火花塞不慎摔落或用力过猛，导致电极尖端间隙变小或者断裂，应更换新火花塞。

（六）安装

（1）用手将火花塞拧在发动机杠头上。

（2）将1～25N·m的力矩扳手调至18N·m。

（3）使用14mm套筒配合已调好力矩的扳手将火花塞紧固。

二、活塞环、活塞、缸头维护

活塞环

活塞

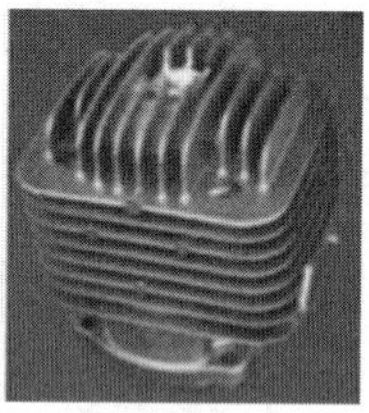

缸头

（一）问题现象

（1）气密性下降明显。

活塞环在使用一段时间后，外圈磨损、活塞环槽中积炭过多、活塞黏连失去弹性等，会造成活塞环与缸头气密性下降以致发动机动力不足，甚至会导致发动机单缸工作或无法启动。新发动机工作30小时后应拆开缸头进行活塞顶部、活塞环槽积炭处理。

（2）缸头、活塞划痕。

发动机使用过程中润滑油配比过大，过长时间导致发动机缸头积炭过多、温度过热（发动机缸头温度勿长时间超过200℃），使缸头内部材料磨损造成气密性下降。

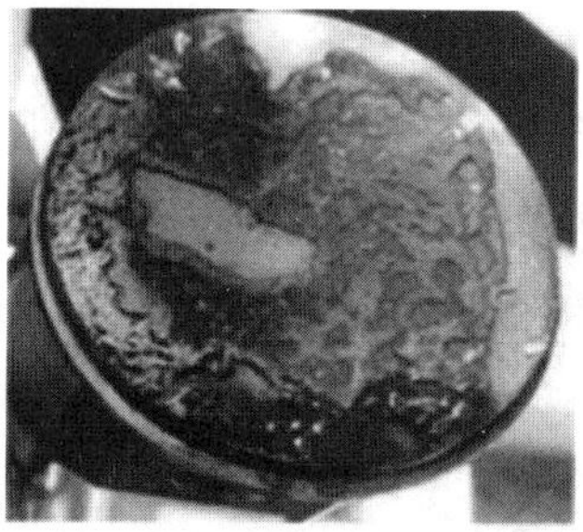

活塞顶部积炭

活塞划痕

（二）维修保养物品准备

汽油、毛刷、毛巾、刮刀、力矩扳手、加长 5mm 内六角扳手、润滑油、记号笔、化油器清洗剂。

（三）维修保养步骤

（1）发动机机匣与缸头连接处使用记号笔划线做好标记，保证再次安装时位置相同；

（2）使用 5mm 内六角扳手与力矩扳手拆下紧固缸头螺栓，注意避免破损石棉垫；

（3）使用汽油、刷子、刮刀清洗缸头内积炭后，清洗缸头外表面；

（4）使用三角刮刀清理活塞顶部积炭，露出金属表面即可（切忌用力过猛破坏活塞顶部），使用汽油清洗；

（5）使用毛刷蘸取汽油刷洗活塞环槽中积炭；

（6）使用化油器清洗剂清洗机匣内残留积炭；

（7）曲轴连杆所有滚针轴承、活塞表面、缸头内部都需要涂抹润滑油；

（8）对准活塞环定位销捏住活塞环，注意活塞宽边与窄边根据对应位置安装缸头，保证拆卸前标记处对齐；

（9）按照 12N·m 力矩紧固缸头螺栓。

检查单

序号	检查系统	检查项目	状态	检查人员	备注
1	动力系统	（1）检查桨叶是否存在裂纹和破损			
		（2）检查桨叶上下表面是否光滑			
		（3）检查翼根有无损伤			
		（4）检查桨毂螺栓有无松动，若有则使用 20N·m 力矩扳手拧紧			
		（5）检查缸头螺丝、机匣螺栓有无松动，若有则使用 12N·m 力矩扳手拧紧			
		（6）检查火花塞有无松动，拧紧力矩为 18N·m			
		（7）检查火花塞高压帽有无松动			
		（8）检查排气管螺栓有无松动，力矩为 10.5N·m			
		（9）检查舵机安装螺栓有无松动			
		（10）检查舵机摇臂安装有无松动			
		（11）检查霍尔元件有无磨损、虚断			
		（12）检查气滤有无破损、松脱			
		（13）检查电喷处油管有无漏油、磨损			
		（14）检查启动电机有无松动			
		（15）检查发动机齿轮与启动电机齿轮有无断齿、碎齿			
		（16）检查减震垫有无破损、松动			
		（17）检查出线孔橡胶套有无松脱、线路有无磨损			

<table>
<tr><td rowspan="9">2</td><td rowspan="9">供油系统</td><td>（1）检查油泵、油滤安装有无松动</td><td></td><td></td><td></td></tr>
<tr><td>（2）检查供油和回油管路有无胀管、渗油</td><td></td><td></td><td></td></tr>
<tr><td>（3）油路接口处卡箍有无渗油、漏油、松动</td><td></td><td></td><td></td></tr>
<tr><td>（4）检查油管内有无杂质堵塞进油口</td><td></td><td></td><td></td></tr>
<tr><td>（5）检查油箱盖有无松动、放气孔有无堵塞</td><td></td><td></td><td></td></tr>
<tr><td>（6）检查回油箱盖有无松动</td><td></td><td></td><td></td></tr>
<tr><td>（7）检查油箱有无破损、有无渗油或漏油</td><td></td><td></td><td></td></tr>
<tr><td>（8）检查油量显示窗口有无模糊</td><td></td><td></td><td></td></tr>
<tr><td>（9）将剩余汽油排放干净</td><td></td><td></td><td></td></tr>
<tr><td colspan="6">本次实训任务组内分工情况</td></tr>
<tr><td>姓名</td><td colspan="2"></td><td></td><td></td><td></td></tr>
<tr><td>分工</td><td colspan="2"></td><td></td><td></td><td></td></tr>
</table>

（三）实训成果验收

（1）教师对最先完成的小组进行功能验证、打分细则说明；

（2）教师对第一小组存在的问题进行指导，检查规范性，最终完成功能要求的任务；

（3）第一完成小组对第二完成小组进行验收、指出问题，直到实现预期功能，以此类推，实现组间互评；

（4）教师让各小组进行组内人员自评、排序、打分，并填写表 3－7。

表 3－7　学生打分表

<table>
<tr><th>组别</th><th>姓名</th><th>组内自评×30%</th><th>组间验收×50%</th><th>导师评价×20%</th><th>综合</th></tr>
<tr><td rowspan="4">1</td><td></td><td></td><td></td><td></td><td></td></tr>
<tr><td></td><td></td><td></td><td></td><td></td></tr>
<tr><td></td><td></td><td></td><td></td><td></td></tr>
<tr><td></td><td></td><td></td><td></td><td></td></tr>
<tr><td rowspan="4">2</td><td></td><td></td><td></td><td></td><td></td></tr>
<tr><td></td><td></td><td></td><td></td><td></td></tr>
<tr><td></td><td></td><td></td><td></td><td></td></tr>
<tr><td></td><td></td><td></td><td></td><td></td></tr>
<tr><td rowspan="4">3</td><td></td><td></td><td></td><td></td><td></td></tr>
<tr><td></td><td></td><td></td><td></td><td></td></tr>
<tr><td></td><td></td><td></td><td></td><td></td></tr>
<tr><td></td><td></td><td></td><td></td><td></td></tr>
<tr><td rowspan="2">…</td><td></td><td></td><td></td><td></td><td></td></tr>
<tr><td></td><td></td><td></td><td></td><td></td></tr>
</table>

课后习题

一、单选题

1. 以下不属于电机自身故障的是（　　）。

A. 电机进水　　B. 电机进尘　　C. 电机过热　　D. 电调短路

2. 以下不属于电池维护的是（　　）。

A. 不要过充　　B. 不要过放

C. 不要满电存放　　D. 飞行前进行舵面调整

3. 比较下列选项中电机的外形，（　　）电机的外形最扁。

A. 4005　　B. 3108　　C. 2212　　D. 1407

4. 对油动无人机上主要动力系统发动机进行维护的目的是（　　）。

A. 提升性能　　B. 延长使用寿命

C. 确保飞行安全　　D. 以上都是

5. 多旋翼无人机动力系统主要使用（　　）。

A. 有刷电机　　B. 无刷电机

C. 异步电机　　D. 四冲程发动机

6. 无人机的中心板焊接电调电源线时，以下接线正确的是（　　）。

A. 正极接黑线　　B. 负极接红线

C. 正极接红线　　D. 随意接

7. 无人机利用（　　）将电源有效地分配给系统的不同组件，通过降低组件闲置时能耗，将电池寿命延长两倍或三倍。

A. 电池　　B. 飞控　　C. 电调　　D. 电源管理模块

8. 某多轴螺旋桨长381mm，螺距为127mm，那么可以表述为（　　）。（注：换算为英寸表示。）

A. 3812　　B. 38×12　　C. 15×5　　D. 8127

二、判断题

1. 电动无人机动力系统由电调、电机、螺旋桨和活塞式发动机组成。（　　）

2. 低KV值电机搭配小尺寸螺旋桨。（　　）

3. 把电机的三根电源线短接，转动电机，若有阻尼现象则表明电机电源线完好，否则电机线断开。（　　）

4. 无人机发动机油箱中的燃油可以长时间放置在油箱中，直至下次直接使用。（　　）

5. 发动机工作时间达到了30小时需要进行首次保养。（　　）

6. 多旋翼无人机电调的作用是根据飞控的控制信号，将电池的直流输入转变为一

定频率的交流输出，用于控制电机转速。（　　）

7. 组装无人机时，对旋转方向不对的电机，调换电机与电调连接的三根线中的任意两根即可改变电机转向。（　　）

8. 在一定功率下，电机的转速和扭矩成反比。（　　）

9. 无刷电机因为没有换向电刷，所以摩擦力小，噪声小，寿命长，功重比大。（　　）

10. 尺寸标识“3118”的电机相对于尺寸标识“4005”的电机在外形方面呈现扁盘式。（　　）

11. 1 000KV 表示每增加 1V 电压，电机满负载每分钟转 1 000 圈。（　　）

12. 电机使用中要尽可能避免进尘、进水、过热和碰撞。（　　）

13. 当用手转动电机传动轴，出现摩擦、卡滞、窜轴和异常声响时，应及时对电机进行维护。（　　）

三、填空题

1. 电动无人机动力系统由________、________、________、________组成。

2. 电机机身标注 2212/920KV，则电机外壳内直径是________，电机外壳内高度是________，1V 电压下电机 1 分钟空载转动的圈数是________。

3. 影响发动机使用的环境因素有气压、________、________等。

四、简答题

1. 简述无人机机体结构的作用。

2. 简述无人机机身、机臂的维护方法。

3. 简述农业植保场景下的无人机机体维护应考虑的因素。

4. 简述消防救灾场景下的无人机机体维护应考虑的因素。

5. 无人机动力系统出现故障时，应从哪几个部位进行检测？如何维护？分别用到哪些工具？

6. 简述发动机磨车流程。

7. 简述电机维护步骤。

8. 电动无人机部件更换工具有哪些？

9. 简述火花塞维护所需的工具和火花塞维护操作步骤。

10. 简述发动机供油系统故障排除思路。

11. 简述油动无人机使用的活塞式发动机发生故障时的“五方面检查”思路。

12. 简述舵机常见的十大故障，且针对每种故障给出解决方案。

13. 根据发动机维修保养手册，写出常对发动机哪些易损部件进行定期维护保养。

14. 当舵机经常发出吱吱的来回定位调整响声时，简述维护方法。

五、综合题

活塞式发动机维护保养可分“五步走”，根据以下五个步骤，逐步回答关于无人机活塞式发动机维护的知识。

步骤一：工具准备。

请给出拆装需要的工具：______________________________

试车、磨车工具：______________________________

清洗工具：______________________________

步骤二：分解，一般不做发动机拆解操作，如因进入脏物或更换零件而需拆解发动机时，必须按正确的方法和步骤进行。

____

步骤三：清洁保养。

请写出如何利用专业清洁剂、罐装压缩气体、酒精等清洗发动机。

____

步骤四：试车、磨车。

请写出发动机试车、磨车步骤。

____

步骤五：燃料使用维护。

请写出燃料使用的注意事项：

（1）燃油配好后______________使用；

（2）后期适当加大______________配比，延长发动机寿命；

（3）保存时及时清空油箱剩油，做好______________清洁。

项目 4 无人机控制系统维护

学习目标

知识目标

（1）掌握无人机飞控系统的工作原理与维护方法。

（2）掌握无人机通信系统的工作原理与维护方法。

（3）掌握无人机机载链路系统的工作原理与维护方法。

（4）掌握无人机常用传感器的工作原理与维护方法。

技能目标

（1）能够熟练完成无人机控制系统装调。

（2）能够熟练使用无人机检测工具完成无人机控制系统软硬件的检测。

（3）能够熟练使用无人机维护工具完成无人机控制系统故障的维护保养。

（4）能够掌握无人机自旋、绕八字等基本飞行能力。

素质目标

（1）能够熟练掌握无人机控制系统的组装、检测、维护、保养等技术技能，培养细致严谨的工作态度，提高工作效率和质量。

（2）能够掌握合理的工作方法，培养持之以恒的学习精神。

（3）培养团队意识和良好的沟通协作能力。

学习导图

- 无人机控制系统维护
  - 无人机飞控系统维护
    - 知识
      - 无人机飞控系统介绍
      - 无人机飞控系统的调试与维护
      - 飞控系统的常见故障分析
    - 技能
      - 能完成飞控的拆装
      - 能进行飞控的连接和调试
      - 能处理飞控系统的常见故障
      - 能完成飞控系统的日常维护
    - 素质
      - 培养善总结、勤思考的逻辑分析能力
      - 培养自学能力和团队协作精神
  - 无人机通信系统维护
    - 知识
      - 无人机天线的种类及应用
      - 无人机天线的维护方法
      - 无人机遥控器的检查和使用
    - 技能
      - 能正确摆放天线位置
      - 能完成遥控器天线和图传天线的维护
      - 能完成遥控器使用前检查
    - 素质
      - 培养耐心、细心的工作态度
      - 培养分析问题、解决问题的能力
  - 无人机机载链路系统维护
    - 知识
      - 数传模块的功能
      - 数传模块的维护
      - 图传模块的功能
      - 图传模块的安装与调试
    - 技能
      - 能完成数传电台的拆装
      - 能分析数传系统和图传系统的常见故障
      - 能完成数传系统和图传系统的日常维护
    - 素质
      - 培养爱学习、能分析的知识迁移能力
      - 培养细致严谨的工作态度
  - 无人机常用传感器维护
    - 知识
      - 加速度传感器的基本原理和校准方法
      - 陀螺仪的基本原理、类型和应用
      - 磁罗盘的主要应用
      - GPS传感器的主要应用
      - 气压传感器的主要应用
      - 传感器的常见故障及故障检测
    - 技能
      - 能掌握常用传感器的名称及种类
      - 能掌握常用传感器的类型和应用场景
      - 能完成常用传感器的日常维护
    - 素质
      - 培养遵规守矩的规范意识
      - 培养持续学习的学习习惯

任务1　无人机飞控系统维护

任务描述

小张刚从学校无人机应用技术专业毕业，来到一家无人机行业应用公司上班。他从仓库申请领取了一套多旋翼无人机。进行任务作业时，他发现无人机在飞行过程中出现偏航漂移，无法准确飞行到指定位置。作为本专业的学生，请你结合所学专业知识帮他分析并解决无人机偏航漂移问题。

任务目标

1. 掌握无人机飞控系统的工作原理与维护方法。
2. 使用无人机维护工具完成无人机飞控系统的调试、维护和故障检测排查。

知识准备

一、无人机飞控系统介绍

无人机飞控系统维护

无人机飞控系统即无人机飞行控制系统，是控制无人机飞行姿态和运动的中枢设备，也称为自动驾驶仪。大部分无人机飞控系统由六自由度惯性测量单元（IMU）、导航定位系统（GPS）、磁航向计、气压高度计、转速传感器、数字信号处理器、ARM处理器、电源适配器等单元组成，主要负责感知无人机的各种状态并做姿态导航计算和控制输出，是无人机控制系统的核心组成部分。无人机飞控系统可以分为闭源飞控和开源飞控两类。

（一）闭源飞控

闭源飞控如图4-1所示，它调试简单、飞行姿态稳定、应急处理能力强，并且有专业技术及售后支持，但使用成本较高。闭源飞控通常应用在航拍、植保等对无人机稳定性要求高且载荷控制较少的场景中。

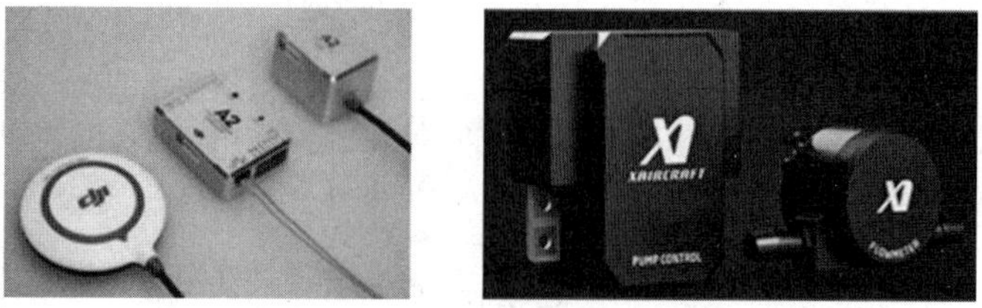

图4-1　闭源飞控

（二）开源飞控

开源飞控如图 4－2 所示，它可开发性高、拓展接口多、性价比高，但调试较为复杂。开源飞控能够应用在测绘（垂直起降固定翼）、竞赛、载荷定制等对拓展性要求高的场景中。

图 4－2　开源飞控

二、无人机飞控系统的调试与维护

（一） PIXHAWK 飞控安全开关指示灯的含义

PIXHAWK 飞控安全开关指示灯如图 4－3 所示。PIXHAWK 飞控安全开关指示灯的含义见表 4－1。

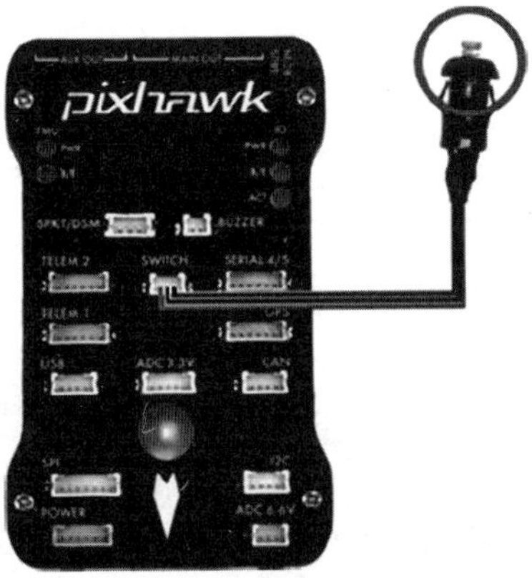

图 4－3　PIXHAWK 飞控安全开关指示灯

表 4－1　PIXHAWK 飞控安全开关指示灯的含义

指示灯状态	指示灯含义
	红灯持续闪烁，系统正在初始化，请稍等。
	红灯间歇性闪烁，红灯每次闪 4 下，系统就绪，请按安全开关按钮以激活系统（无人机解锁前提）。
	红灯常亮，已经准备好解锁，可以执行解锁程序，电机输出启动（无人机现在可以解锁）。

PIXHAWK 飞控主指示灯如图 4－4 所示，其灯光闪烁不同颜色时表示的含义各不相同，见表 4－2。飞控上电后，可根据主指示灯的颜色判断飞控的工作状态并进行故障排查。

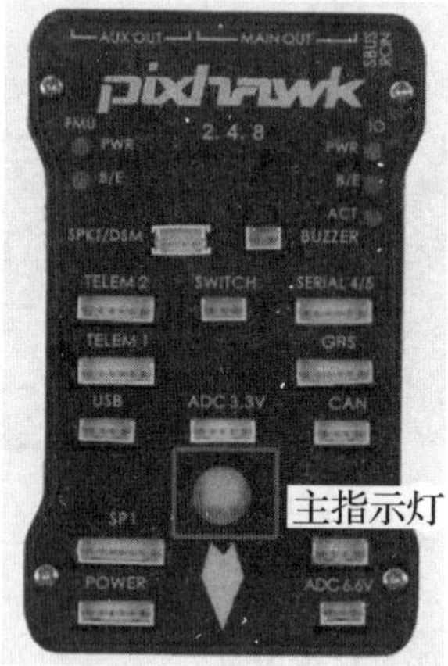

图 4－4　PIXHAWK 飞控主指示灯

表 4－2　PIXHAWK 飞控主指示灯的含义

指示灯状态	指示灯含义
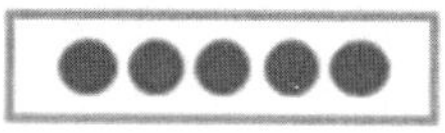	蓝灯持续闪烁，已解除安全开关保护，GPS 定位未成功，处于不使用 GPS 的模式，未解锁
	蓝灯常亮，已解除安全开关保护，GPS 定位未成功，处于不使用 GPS 的模式，已解锁，准备起飞
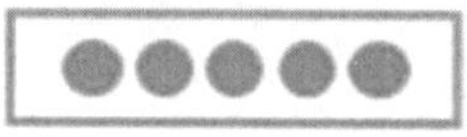	绿灯持续闪烁，已解除安全开关保护，GPS 定位成功，未解锁
	绿灯常亮，GPS 定位成功，已解除安全开关保护，已解锁，准备起飞
	黄灯间歇性闪烁，黄灯每次闪两下，安全开关保护中或系统检查失败，拒绝解锁
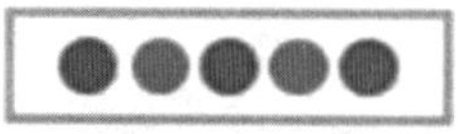	红蓝灯交替闪烁，陀螺仪等传感器初始化，此时要保持无人机水平放置
	绿灯快闪，已解除安全开关保护，GPS 定位成功，并且有更好的 GPS 定位信息
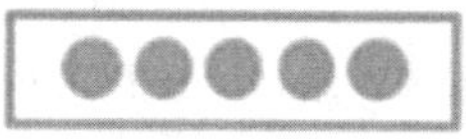	黄灯持续闪烁，激活无线电故障保护
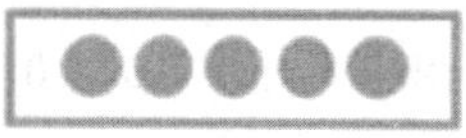	黄灯闪烁＋快速蜂鸣声，电量低提示，同时有急促的蜂鸣声

续表

指示灯状态	指示灯含义
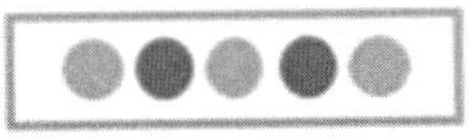	黄蓝灯交替闪烁，GPS 故障或 GPS 故障保护，同时有三高一低的蜂鸣声
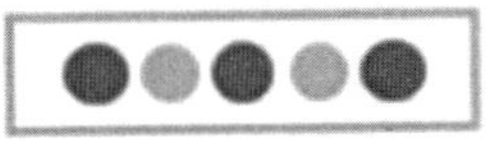	红黄灯交替闪烁，表示卡尔曼滤波或惯性导航错误
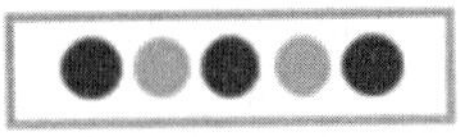	紫黄灯交替闪烁，表示气压计故障
	红灯常亮：出现故障，自检不通过，需重刷固件
	红灯常亮＋蜂鸣器 SOS 警报，无存储卡或存储卡格式错误

（二）飞控自检报错提示的含义

（1）Safe switch：安全开关未关闭，长按至指示灯常亮。

（2）RC not calibrated：遥控器没有校准。

（3）Baro not healthy：气压计不正常。

（4）Alt disparity：气压计与惯性导航系统的高度不一致，超过 2 米时，这一消息通常是短暂的，当飞控首次插入或者它受到颠簸时，如果报错没有消失，则可能是因为加速度计需要校准或者气压计有故障。

（5）Compass not healthy：罗盘不正常。

（6）Compass not calibrated：罗盘没有校准。

（7）Compass offsets too high：罗盘偏移值太大，也许是附近有金属或其他干扰。

（8）Check mag field：所感测的磁场在该区域中是 35%，若高于或低于预期值，则需要重新校准罗盘。

（9）Compasses inconsistent：内部和外部的罗盘指向不同的方向（大于 45°），通常是 GPS 外置罗盘放置位置不一致。

（10）GPS Glitch：GPS 故障，当选择的飞行模式需要 GPS 定位，或者开启地理围栏时，如果 GPS 没有定位则会有此提示。

（11）Need 3D Fix：全球定位系统没有三维固定，当选择的飞行模式需要 GPS 定位，或者开启地理围栏时，如果 GPS 没有定位则会有此提示。

（12）Bad Velocity：无人机的速度（根据惯性导航系统）过高，会导致无人机出现移动故障或被抛起，可能是因为加速度计校准故障或者 GPS 刷新频率低于预期的 5Hz。

（13）High GPS HDOP：GPS 精度过低，可以在首页查看 GPS 精度实时变化数据。

(14) INS not calibrated：加速度计没有校准。

(15) Accels not healthy：加速度计不正常，可能是硬件问题，也可能是刷新固件后没有重启。

(16) Accels inconsistent：加速度计不一致，超过 $1m/s^2$。

(17) Gyros not healthy：陀螺仪不正常，可能是硬件问题，也可能是刷新固件后没有重启。

(18) Gyros call failed：陀螺仪校准未能捕捉偏移，可能是因为启动校准时移动了飞控，红蓝灯闪烁时就是校准时刻。

(19) Gyros inconsistent：陀螺仪不一致，两个陀螺仪的旋转率相差 20 度/秒以上。

(20) Check Board Voltage：检查板上电压，应该在 4.3V 与 5.8V 之间，如果通过 USB 供电，则请尝试更换端口或线缆。

(21) Ch7&Ch8 Opt cannot be same：7/8 通道不能设置成一样的。

(22) Check FS_THR_VALUE：3 通道最低值太接近于失控保护值。

（三）飞控板硬件检查

1. 减震垫安装检查

飞控套件带有减震平台，是用 4 个软橡胶垫把平台与机架隔离开来，可以有效地减小高频振动对飞控的影响。飞控的方向应当与无人机的方向一致，尽量安装在靠近无人机中心的位置，并使其与机身水平面保持平行。

2. 接线检查

(1) 检查接收机与飞控的连线。

(2) 查阅资料，将电调信号线接到飞控主输出口 1～4 端。

(3) 检查安全开关是否接入“SWITCH”接口。

(4) 检查蜂鸣器是否接入“BUZZER”接口。

(5) 检查卫星定位导航模块是否接入“GPS”接口。

(6) 检查电流计是否接入“POWER”接口。

（四）飞控调试

(1) 正确设置飞控安装位置。

(2) 检查飞控的遥控信号输入是否正确。

(3) 查询飞控手册进行维护，见表 4-3。

表 4-3 飞控手册

检查事项	具体说明
1	检查 IMU 安装方向是否正确
2	检查无人机类型是否正确 确保对应电机能旋转，螺旋桨旋转方向无错误

续表

检查事项	具体说明
3	确保接收机类型正确
4～5	查看飞行参数以及确认远程调参设置是否正确
6	推动摇杆验证摇杆运动方向与光标运动方向是否一致，拨动U通道开关验证控制模式设置
7～11	进行高级设置，建议在了解基础飞行之后，再根据要求进行相应设置，并仔细阅读说明文字
12	检查遥控器与主控器通道映射是否正确

（五） PID控制器

PID控制器是一种线性控制器，它主要根据给定值和实际输出值构成控制偏差，然后利用偏差给出合理的控制量。PID里的P是Proportion的首字母，是比例的意思；I是Integral的首字母，是积分的意思；D是Differential的首字母，是微分的意思。具体表现为：

P：自稳强度，无人机起飞后在没有任何动作的情况下，能否保持稳定而不会左右倾斜。

I：姿态保持，在不动遥杆的情况下，无人机能否保持一个姿态飞行。

D：姿态动作缓冲器，可以理解为针对P值的一个阻尼器，因为P值过高后姿态会产生反弹，D值就是消除这个反弹的。

PID值过高或过低都会影响无人机的飞行稳定性，具体表现为：

P值过高：无人机在悬停姿态下不停地高频抖动，左右抖，前后抖，可以通过螺旋桨声音来判断。

P值过低：无人机在悬停姿态下摇摇晃晃，不听控制。

I值过高：无人机在悬停姿态下低频抖动，与P值过高类似。

I值过低：无人机无法保持一个固定的姿态向前飞。

D值过高：无人机在大角度或快速打舵时力度不够，阻尼过大。

D值过低：无人机在大角度或快速打舵时力度够，但是阻尼过小，就像大力推开门，撞到墙上会反弹一样。

调节P值时，可以把默认PID参数的I值和D值各降一半，P值不要动，先调横滚的P值，再在默认值的基础上加一倍，一直加，加到无人机悬停以后开始抖动，然后一点点减，减到悬停不抖动，即为合适的P值，俯仰的P值也是如此。

调节I值时，首先确保电池放置在无人机重心处，再把横滚和俯仰I值恢复到默认值，然后悬停无人机，尽可能保持无人机稳定不动，不要动副翼和俯仰，只是轻推油门，让无人机连续地升起、下降，注意油门不要太大，不要上升得太高。接着观察无人机加油门后偏移向哪边，前后偏移就加大俯仰I值，左右偏移就加大横滚I值，直到无人机快速加油门后能够保持在一个合理的范围内偏移，I 值就基本调试完成。

调节 D 值时，需要先恢复横滚和俯仰默认的 D 值，然后做大的机动动作，比如横滚 45°，此时观察无人机会发现在达到预定的角度后会抖一下，然后停下来，同时也会听到螺旋桨的声音忽高忽低。这就意味着机身在达到指定的角度后发生了震荡，就是 D 值不够导致机身震荡。以 3～5 个点的值一点点加，加到无人机做大的机动动作时螺旋桨不会发出忽高忽低的声音，D 值就基本调好了。同理，俯仰也可以使用这个方法调试。

无人机装调飞行测试故障现象

最后通过实际试飞进行微调，通常在实际试飞后，微调的幅度不会超过 4 个点，再精调一下，PID 参数就基本调试完成了。

无人机装调飞行测试正常现象

三、飞控系统常见故障

飞控是无人机的大脑，不仅能够控制无人机在飞行过程中保持稳定，也具有自动导航、故障保护、任务管理、数据记录等功能。开源飞控在使用过程中的常见故障和解决方法见表 4－4。

表 4－4　开源飞控的常见故障和解决方法

常见故障	原因分析	检查方式	解决方法
无法连接计算机	电源系统故障	观察供电指示	更换电源模块
	没有 TF 卡	检查 TF 卡插口	插入 TF 卡
	TF 卡故障	重新插拔 TF 卡	更换 TF 卡
	关键传感器故障	检查传感器焊接	重新焊接
地面站数据异常	加速度计、陀螺仪、电子罗盘等故障	观察数据波动情况，晃动飞控查看数据变化	更换故障传感器，重新校准
遥控无信号	信号线接触不良	检查端口焊接	重新焊接
	供电异常	测量电压	调整供电
	遥控器不匹配	测试遥控器	重新匹配并绑定遥控器
起飞后振动明显	机架安装问题	检查机架	调整机架
	螺旋桨不平衡	换螺旋桨测试	平衡螺旋桨
	电机问题	电机数据分析	更换电机
	PID 参数问题	测试 PID 参数	调整 PID 参数
飞行中出现偏航	指南针干扰	旋转飞控测试	避免磁场干扰
	GPS 信号差	检查 GPS 信号强度	更换 GPS 模块位置
	PID 参数问题	测试 PID 参数	调整 PID 参数

四、飞控及动力设备连接故障检测

飞控与动力设备的 PWM 信号连接广泛应用于航模中，其测试方法主要有以下三种：

（一）舵机测试

将舵机接到信号线后改变通道值，观察舵机动作是否正确、稳定，以此来判断信号质量。

（二）仪表测试

使用带有频率检测功能的万用表进行测试，将表笔负极与地线连接、正极与信号线连接，万用表挡位拨到频率挡，可以测量 PWM 波的频率，PWM 的频率一般是 50Hz 或 300～400Hz。将万用表挡位拨到占空比挡，可以测量 PWM 的脉宽变化是否正常。脉宽的变化范围一般是百分之几到百分之二十几，并且变化是线性的。

（三）波形判断

使用示波器可以直接观察 PWM 波形的频率、占空比、上升沿和下降沿等信息，并可以看到信号干扰情况。PWM 的高、低电平之间纹波在±1V 以内即为正常。

通过舵机测试、仪表测试、波形判断等方法可以了解 PWM 信号的质量和可能存在的问题，是调试 PWM 连接的重要测试手段。正确的 PWM 信号能够产生对应动作，并且波形稳定、呈线性变化，这是确保飞控与动力设备连接可靠的基础。

任务练习

1. 简述飞控的常见分类。
2. PID 中的 P、I、D 分别代表什么？怎样调节 PID？
3. 开源飞控有哪些常见故障？怎样解除这些故障？

工匠精神

1. 能够熟练掌握无人机飞控系统的组装、检测、维护、保养等技能，培养细致严谨的工作态度，提高工作效率和质量。
2. 培养自学能力和团队协作精神。

任务 2　无人机通信系统维护

任务描述

小张刚从学校无人机应用技术专业毕业，来到一家无人机行业应用公司上班。他从仓库申请领取了一套多旋翼无人机。进行任务作业前，他该对遥控器进行哪些检查才能保障无人机的正常飞行呢？作为本专业的学生，请你结合所学专业知识写出作业前遥控器检查流程。

任务目标

1. 掌握无人机通信系统的工作原理与维护方法。
2. 使用无人机维护工具完成无人机通信系统的调试、维护和故障检测排查。

知识准备

一、天线的基本介绍

天线是一种变换器，它把在传输线上传播的导行波，变换成在无界媒介（通常是自由空间）中传播的电磁波，或者进行相反的变换，是无线电设备中用来发射或接收电磁波的部件。凡是利用电磁波来传递信息的都会依靠天线来进行工作，如无线电通信、广播、电视、雷达、导航、遥感、射电天文等工程系统。

一般来说，天线都具有可逆性，即同一副天线既可用作发射天线，也可用作接收天线。同一天线作为发射天线或接收天线的基本特性参数是相同的，这就是天线的互易定理。

二、无人机天线的种类及应用

（一）无人机遥控链路天线

常用的遥控器端天线为棒式天线，如图 4－5 所示。假定遥控器水平放置，遥控器的天线垂直于地面，那么水平面就是 XY 平面，天线的方向为 Z 轴方向。

为了便于理解方向图，我们按照遥控器的天线原理仿真一个天线，天线沿 Z 轴放置，为偶极子天线，天线的总长度为 60mm。这个长度也就是接近半波波长的偶极子天线，工作在 2.4GHz 频段，那么这个天线的方向如图 4－6 所示。

图 4－5　棒式天线

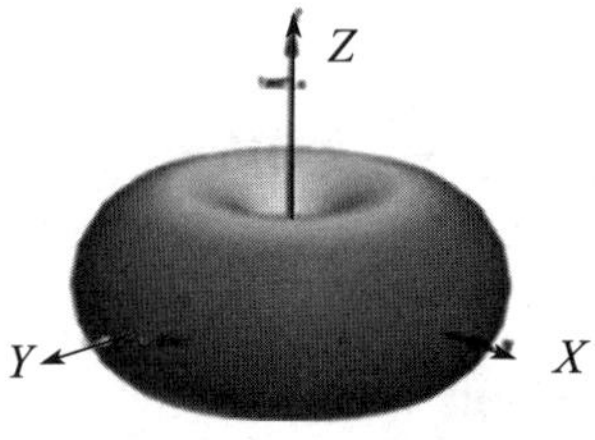

图 4－6　天线方向图

增益，简而言之就是放大倍数，通常为一个系统的输出信号与输入信号的比率，如天线增益表示定向天线辐射集中程度的参数，为定向天线和无方向天线在预定方向上产生的电场强度的平方之比。图 4－6 中，当天线沿 Z 轴放置时，它的方向图有点像套了个游泳圈，水平方向增益最大，垂直方向增益最小。

如果用刀沿 XY 面切割，则水平方向增益最大，当靠近 Z 轴（天线长度方向）时，增益变小。例如，与 Z 轴夹角为 60°时，增益为－0.5dBi；与 Z 轴夹角为 30°时，增益为－6dBi；沿 Z 轴时，增益为－15dBi 以下。

天线互相垂直摆放时信号最好，如图 4－7 所示。

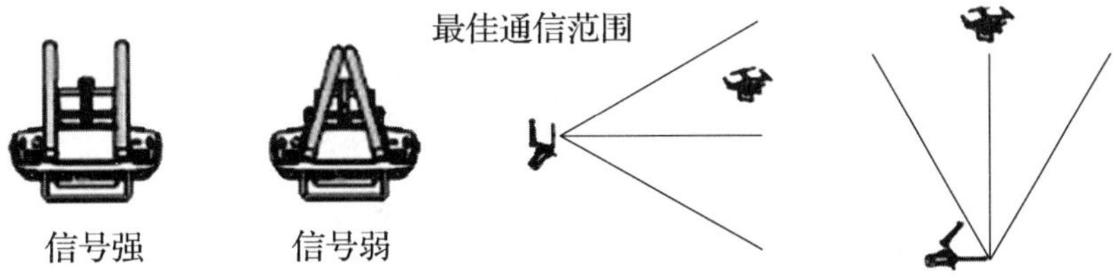

图 4－7　天线摆放

（二）无人机图传天线

无人机图传天线和遥控天线不同，无人机图传频率一般为 5.8GHz，使用的天线为全向图传天线或平板图传天线。

无人机全向图传天线的特性是可以实现全方位的信号发射与接收，不受角度限制。无人机平板图传天线的特性是可以实现定向的信号发射与接收，信号增益更强。

三、无人机天线的维护

无人机的遥控链路和图像传输链路都会因为长期的使用而产生功放损耗等安全隐患，而最直接的影响就是天线的工作效率，即信号传输距离。天线一旦损伤，信号传输距离将大幅度减小。

（一）遥控器天线的维护

遥控器的天线通常为固定式，只可以进行天线的方向调整，但遥控器内部的天线与馈线连接处和功放是需要定期检查维护的。

根据遥控器相关手册，我们可以使用遥控器自带的距离测试功能。如果距离测试功能正常，则说明功放和馈线连接处没有损伤；如果距离测试发现信号传输过近，没有达到最低距离遥控要求，就需要联系售后进行返厂维修。

（二）图传天线的维护

常见的图传天线如图 4－8 所示，蘑菇（四叶草）天线为全向天线，平板天线和棍状天线为定向天线，其在某一方向通信强度大。

图传天线一般是可以拆卸的，先进行外观检查：各连接处是否正确，内针长度是否足够等。一头为内针，另一头必须为内孔，如图 4－9 所示。

（a）蘑菇（四叶草）天线　　（b）平板天线　　（c）棍状天线

图 4－8　常见的图传天线

内针　　内孔

图 4－9　内针、内孔

图传天线的频率是否对应也需要检查。若频率不对应，则会损害发射机功放芯片。

遥控系统是远程操控无人机的关键设备，一般由遥控器、接收机两大部件构成。遥控器是地面端，进行手持操控；接收机是空中端，将接收的信号指令传输给飞控系统，从而对无人机进行控制。

四、无人机遥控器的分类与维护

遥控器的种类有很多，图 4－10 中列出了三种常见的遥控器。Futaba 遥控器系统稳定，逻辑简单，价格较高；天地飞遥控器外观酷炫，性价比高；思翼遥控器功能简洁，通信距离长，适合行业作业。

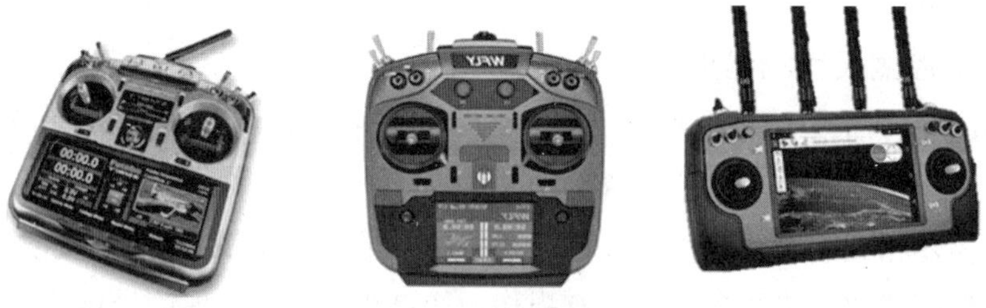

（a）Futaba遥控器　　（b）天地飞遥控器　　（c）思翼遥控器

图 4－10　三款典型遥控系统

（一）电源检查及充电

专业的无人机遥控器电源大都使用镍镉电池，普及型设备电源多为干电池。对镍镉电池须进行合理的充电。设备中配有充电器的，可以直接用来对电池充电。没有配充电器的，可用其他充电器代替。对镍镉电池进行充电时，电流控制在电池容量的十分之一，比如 500mAh 的电池，充电电流应为 50mA。第一次充电时间为 16～18 小时，以后每次只需要充电 14 小时。

使用锂电池的遥控器，充电速率应为 1C，即一小时充满电池的速率。例如 1AH（1 000mAh）容量的电池，需要使用 1A 电流充电，完全充电时长为 1 小时。

（二）开机检查

首先，将遥控器开机，依次检查遥控器的模型选择、发射模式、通道设置是否正确。然后，接好伺服舵机的接收机电源，此时舵机应回到中立位置。最后，拨动操纵杆并微调手柄，相应地，舵机应有动作，各通道互不干扰就说明发射机和接收机工作基本正常。

（三）拉距离实验

每次拉距离时，接收机天线和发射机天线的位置必须相对固定。原则是要使接收机在输入信号较弱的情况下也能正常工作，只有这样才能认为是可靠的。具体方法是接收机天线水平放置，指向发射机位置，而发射机天线则指向接收机位置。由于电磁波辐射的方向性，这时接收机天线所指的方向是场强最弱的区域。

新设备拉距离实验时，应先用短天线（一节）记下它的最大可控距离，作为以后例行检查时的依据。然后将天线全部拉出，逐渐加大遥控距离，直至出现跳舵。当天线只拉出一节时，遥控器应在 30～50m 工作正常。天线全部拉出时，遥控器应在 500m 左右工作正常。工作正常的标准是舵机不出现抖动，如果舵机不断出现抖动，则应立即关闭接收机，这时的距离刚好超过地面控制的有效距离。

老式设备不允许在短天线时开机，不然会把高频放大管烧坏。现在的新式设备增加了安全装置，不会再有烧坏放大管的问题。但镍镉电池刚刚充完电时不要立刻开机，因为这时发射机电源电压可能会超过额定值。

（四）常见故障排查

跳舵：当遥控器信号受干扰或发生接收故障时，无人机在飞行过程中产生突然随机大幅度运动后又立即恢复。

信号时断时续：当接收机供电出现问题时，无人机在飞行过程中会突然失控飘走，然后可能恢复，也可能不会恢复到原来的状态。

当出现跳舵或失控的情况时，首先要检查遥控器和接收机的供电是否正常，如果供电正常则可能是遥控器或接收机产品的质量问题。

现在部分无人机实现了防水设计，但遥控器防水、防尘等级还比较低。因此在平时不使用数据接口时，可以用胶塞堵住接口，避免水、灰尘进入，如图 4－11 所示。

如果遥控器淋湿雨水，则需要及时采取措施：

（1）用软布擦干遥控器表面；

（2）在低温干燥模式下用吹风机吹干；

图 4-11　遥控器防水防尘塞

（3）检查接口内部有无残留水分，必要时拆解清理；

（4）放入干燥处静置一段时间，确保内部干透；

（5）如果遇大雨淋湿，则要打开遥控器检查内部电路，清洗干净后再组装使用。

任务练习

1. 无人机的天线有哪些种类？

2. 无人机的天线是如何维护的？

工匠精神

1. 能够熟练掌握无人机通信系统的组装、检测、维护、保养等技能，培养细致严谨的工作态度，提高工作效率和质量。

2. 锻炼分析问题和解决问题的能力。

任务 3　无人机机载链路系统维护

任务描述

小张刚从学校无人机应用技术专业毕业，来到一家无人机行业应用公司上班。他从仓库申请领取了一套多旋翼无人机。在执行任务前，他检查了电池电量和设备图传线路的连接。但进行任务作业过程中，他发现地面站接收的图像模糊，信号时断时续。作为本专业的学生，请你结合所学专业知识，帮助他分析可能存在的原因并找出解决方案。

任务目标

1. 掌握无人机机载链路系统的工作原理与维护方法。
2. 使用无人机常用维护工具完成无人机机载链路系统的调试、维护和故障检测排查。

知识准备

一、数传模块

（一）数传模块的功能

数传电台又称为“无线数传模块”，是借助数字信号处理（DSP）技术与软件无线电技术来进行专业的数据传输电台。目前数传电台采用数字处理技术，使得控制精度更高，功耗大大降低。将数传电台应用于无人机远程控制能够降低无人机系统的控制难度。

调制解调器与无线电台直接相连，可以将二进制信号调制成无线电波在电台之间传输，使得无线电波顺利发送和接收，如图 4－12 所示。二进制信号以串行方式传至调制调解器，之后转化为模拟信号，调制调解器将这些信号加载至无线电台上传输，接收端装有调制调解器，将接收的信号转化成二进制信号，再传送给计算机。

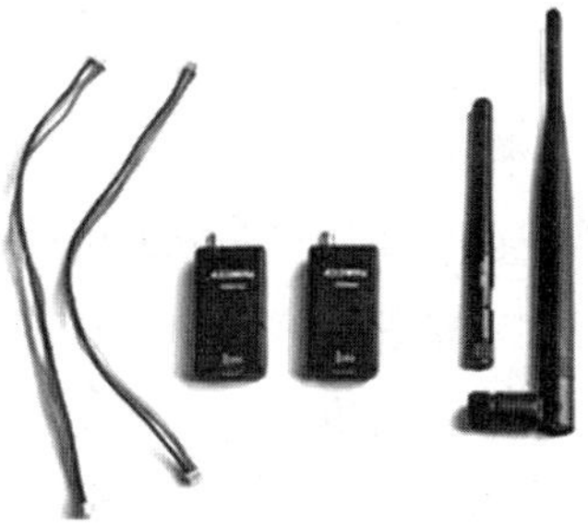

图 4－12　调制解调器

在无人机机载链路系统中，数传电台将信号传给控制终端，同时通过终端操作，将信号传至无人机，调整其飞行姿态，实现数据高效、实时传输，有利于无人机的安全飞行。点对点轮询是其主要采用的通信方式，相比模拟通信系统，具有较强的抗干扰能力，并且数传电台在信号规格方面比较统一，没有发生改变的数传电台经过处理后就可以直接由计算机实现实时监控。

（二）数传模块的维护

开源飞控使用的所有数传模块是基于 3DR 无线数传开发的，也是 PIX、APM 飞控使用的数传模块。常用的数传模块发射/接收频率是 433MHz/915MHz，功率是 100mW～1 000W，有效距离是 500～5 000m。这个数传模块分为连接飞控的 TTL 端和连接计算机或手机的 USB 端，因此维护时要有 TTL 转 USB 刷机小板，否则无法对 TTL 端进行调试。

1. 调试 TTL 端参数和升级固件

（1）把 TTL 转 USB 刷机小板的插口插到 TTL 端的接口上，再用 USB 线连接计算机。TTL 转 USB 刷机小板插到计算机时如果提示安装驱动程序，则需要下载 CP210x_VCP_Windows 驱动程序，64 位计算机操作系统运行 CP210xVCPInstaller_x64.exe 安装包。所有安装步骤使用默认选项，直到驱动程序安装完毕。

（2）打开计算机“控制面板”的“设备管理器”，点开端口就可以看到 USB 刷机小板所用的端口号（端口号在驱动程序安装完成后会在拔插数传模块时自动出现），如图 4－13 所示。

图 4－13　设备管理器

（3）打开 MP 地面站，不需要接飞控。点击“初始设置”中“可选硬件”中的“Sik Radio”。在连接处选择刚才看到的端口号，波转率改为 57 600。再点击“加载设置”，成功后，在本地参数中会显示当前数据。

（4）查看当前的版本，点击“加载固件（本地）”按钮后 MP 地面站会自动升级数传固件。等待一段时间后，进程条会显示 Success，表示升级成功，再看下当前版本号并与之前的版本号进行比较。

（5）在参数表中，把发射功率改为“20”以便获得最大的通信距离，修改后点击“保存设置”按钮，其他参数不要修改。

（6）重复此步骤，将数传的两个模块设置为同样的参数。

2. 安装 TTL 端到无人机上

将 USB 端用 USB 线接上计算机，信号线一端插在 TTL 端中，另一端插入飞控的 Telme 接口，接上无人机电源线。在 MP 连接处选择 USB 的端口及 57 600 的速率，点击连接按钮，等待一段时间后，MP 地面站就通过无线数传与 APM 连接上了。

测试成功后，断开无人机电源。把 TTL 端用扎带固定在上中心板上。为防止干扰，TTL 端安装的位置不能靠近接收机和图传。数传的天线垂直向下，防止被螺旋桨碰到，如图 4－14 所示。

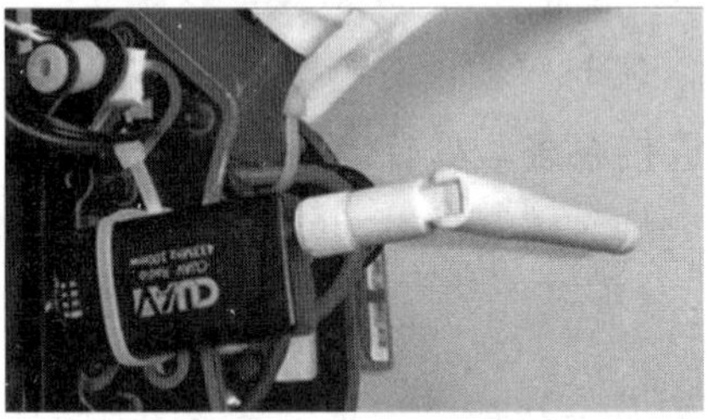

图 4－14　数传模块安装

无人机用到的数传模块常见的频率有 433MHz、915MHz、2.4GHz、5.8GHz，国内最好使用 433MHz。相比于国外的频谱分布，国内的 915MHz 和联通公司的 GSM 网络使用的是同一频段，会产生一定干扰。而 2.4GHz 和 5.8GHz 分别为遥控链路和图传链路的频率，也要规避。

二、图传模块

（一）图传模块的功能

无人机图传模块，就是采用适当的视频压缩技术、信号处理技术、信道编码技术及调制解调技术，将现场无人机所搭载的摄像机拍摄到的视频以无线方式实时传送到远距离后方的一种无线电子传输设备。无人机图传模块，尤其是高质量的图传模块在无人机行业的应用中扮演着不可或缺的角色。特别是在无人机行业应用中，由于绝大多数任务场合都需要无人机驾驶员在远离现场的情况下进行操纵，因此就需要图传模块实时、可靠地获取现场图像及视频。如果飞控被称为无人机的“大脑”，那么图传模块就可以比作无人机的“眼睛”。

（二）图传模块的分类

图传模块可以分为数字信号图传和模拟信号图传两类。

1. 数字信号图传

目前无人机生产厂商所开发的无人机套机通常都搭载了专用的数字信号图传，它的视频传输方式是通过 2.4GHz 或 5.8GHz 的数字信号进行的。

数字信号图传的优点主要有以下四点：

(1) 使用方便，通常只需要在遥控器上扩展手机/平板电脑作为显示器即可。

(2) 中高端产品的图像传输质量较高，分辨率可达 720p 甚至 1080p，传输距离能够达到 2km，可以与普通模拟图传相媲美。

(3) 数字信号图传实时回看拍摄的照片和视频时更加方便。

(4) 由于数字信号图传集成在机身内部，因此可靠性较高，且一体化设计也较为美观。

数字信号图传的缺点主要有以下三点：

(1) 质量参差不齐，中高端产品传输效果好但价格昂贵，低端产品虽然价格便宜但有效距离短，图像延迟问题也非常严重，影响飞行体验和远距离飞行安全。

(2) 普通手机/平板电脑在没有配备遮光罩的情况下，在室外环境下飞行时，较低的屏幕亮度使得飞手难以看清画面。

(3) 不同的数字信号图传对手机/平板电脑作为显示器的兼容性不好，某些型号可能适配较差。

由于数字信号图传所传输的视频质量（分辨率、清晰度）远远好于模拟信号图传系统，因此在无人机行业应用中通常都采用数字信号图传。但数字信号因为容易受到干扰，所以容易发生图像卡住、黑屏等现象。

2. 模拟信号图传

早期的图传设备采用的都是模拟制式，它的特点是只要图传发射端和接收端工作在一个频段上，就可以接收到画面。

模拟信号图传的优点主要有以下五点：

(1) 价格低廉，市面上的模拟信号图传发射和接收套装通常在 1 000 元以内。

(2) 可以多个接收端口同时接收视频信号，模拟信号图传的发射端相当于广播，只要接收端的频率和发射端一致，就可以接收到视频信号，方便多人观看，选择较多，搭配不同的天线可以实现不同的接收效果。

(3) 工作距离较远，以常用的 600MW 图传发射为例，开阔地工作距离在 2km 以上，配合无信号时显示雪花的显示屏，在信号微弱时，也能勉强判断无人机姿态。

(4) 一体化的视频接收及 DVR（录像）和 FPV 专用视频眼镜技术比较成熟，产品选择多。

(5) 视频信号基本没有延迟，适用于低空高速飞行的无人机。

模拟信号图传的缺点主要有以下六点：

(1) 发射和接收的天线产品质量良莠不齐，选择搭配比较困难。

(2) 容易受到同频干扰，两个发射端的频率若接近，则很有可能导致本机的视频信号被别人的图传信号插入，导致无人机丢失。

(3) 接线、安装、调试需要一定的经验。若安装不当，则在有的飞行姿态下模拟图传信号可能会被机身遮挡，导致此时接收信号欠佳，影响飞行安全；视频带宽小，画质较差，影响拍摄效果。

(4) 飞行时安装连接天线、接收端电池、显示器支架等过程比较烦琐。

(5) 没有 DVR（录像）功能的接收端无法实时回看视频，而有 DVR 功能的接收端回看视频也较为不便。

(6) 模拟图传发射端通常安装在机身外，影响一体机的美观性。

安装的模拟信号图传虽然图像质量低（带宽低），但延迟极小，因此民用竞速无人机、军用侦察一体无人机大多使用模拟信号来获取更及时的实时图像。

（三）图传模块的安装与调试

(1) 将信号线的一端连接转接头（如果是没有录像功能的摄像头，则直接对应接线即可），另一端连接图传上的宽接口，如图 4－15 所示。

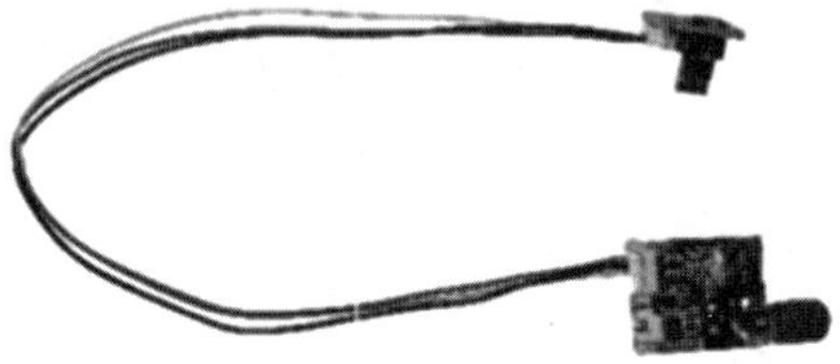

图 4－15　图传连接

(2) 将图传发射机与无人机的供电线相连，如图 4－16 所示。

(3) 将无人机的供电线与发射机的电源线相连，如图 4－17 所示。

图 4－16　图传供电

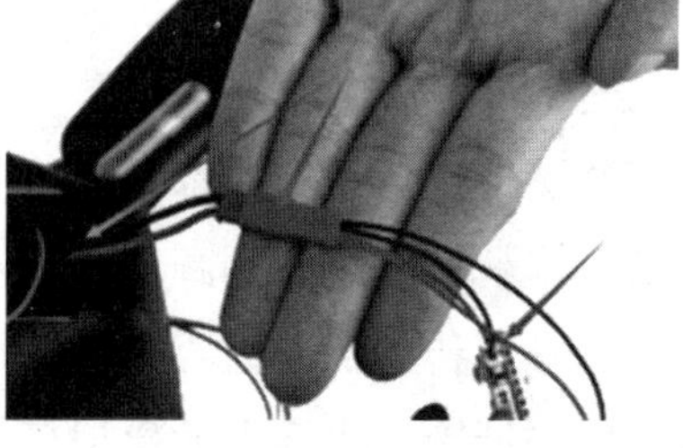

图 4－17　供电接线

（4）将图传发射机的信号输入端与相机相连，如图 4－18 所示。

（5）安装图传发射机的天线，如图 4－19 所示。

图 4－18　信号接线

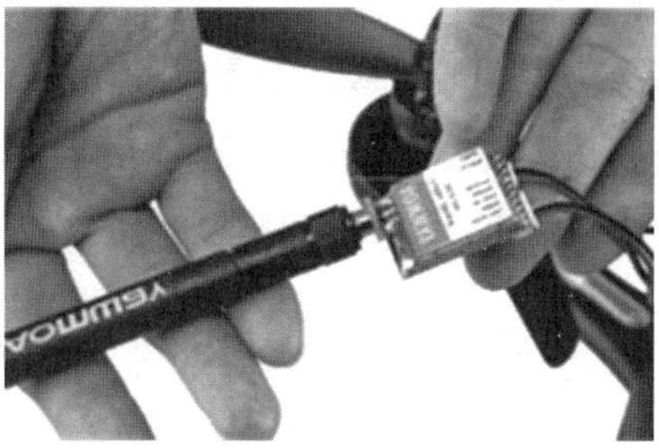

图 4－19　图传天线安装

（6）调整图传发射机天线的位置为竖直指向地面方向，如图 4－20 所示。

图 4－20　图传发射机天线安放

在图传模块安装中，需要为风的流动留一定的空间，保证图传模块能够正常散热，否则过热保护启动后会降低发射功率甚至关闭发射。此外，应先安装好天线后再通电使用，以延长图传模块的使用寿命。

地面图传接收端开机后，将天空端和地面端进行对频，显示器就可以接收到图像了。可以通过 FPV 眼镜或者显示屏上的“search（搜索）”键进行常规对码，当显示屏/眼镜上出现清晰的图像时即代表对码完成。

当多人同场地使用模拟信号图传进行飞行时，如果信道频率相同，则会导致图传互相干扰，此时需要进行自选频率分配，频率各不相同才能保障互不干扰。

选定所用频道需要进行频点选择、信道选择和功率选择。

（1）频点选择：长按信道/功率切换按键，红灯闪 1 次，进入频点选择模式，再短按信道/功率切换按键，蓝灯闪 1 次表示频点 1，蓝灯闪 2 次表示频点 2，以此类推，蓝灯闪 8 次表示频点 8。

（2）信道选择：长按信道/功率切换按键，红灯闪 2 次，进入信道选择模式，再短按信道/功率切换按键，蓝灯闪 1 次表示信道 A，蓝灯闪 2 次表示信道 B，以此类推，蓝灯闪 6 次表示信道 F。

(3) 功率选择：长按信道/功率切换按键，红灯闪 3 次，进入功率选择模式，再短按信道/功率切换按键，蓝灯闪一次表示 25mW，蓝灯闪两次表示 100mW，蓝灯闪 3 次表示 200mW。

所有需要设置的参数设置完成之后，长按信道/功率切换按键，红、蓝两灯进入常亮状态表示图传进入保存模式，然后为工作状态。如果不进行此设置，则图传模块将无法退出设置状态，也无法保存设置的参数。

三、机载链路的常见故障与维护保养

（一）数传链路

飞行中如果无人机的遥控器信号较弱就容易被干扰，此时可以使用电台进行补充遥控，因此建议在室外飞行时带上电台和地面站。判断电台故障的方法是查看地面站上电台信号强度指示，当信号强度下降到 40%以下时，可以确定为电台故障，此时需要立即返航，否则一旦飞出遥控距离，无人机就会失控。

数传链路的常见故障主要表现为：(1) 信号线接触不良；(2) 供电不稳，电压波动大。

当数传链路发生故障时，可以看到地面站上显示信号强度很低，需要在无人机返航后详细测试找到故障原因，所以飞行中要时刻监控地面站信号强度，确保链路的可靠性。

（二）图传链路

无人机图传系统主要分为模拟图传和数字图传两类，数字图传又分为 OFDM 图传、Wi-Fi 图传和无线网关图传，它们的常见故障、故障表现、判断方式和处理方法见表 4－5。

表 4－5　图传链路常见故障及处理方法

图传类型	常见故障	故障表现	判断方式	处理方法
模拟图传	供电不足 接触不良	图像出现大片雪花、条纹、间歇性的黑屏	检查连接是否松动、电源电压是否正常	固定连接，更换电源模块
OFDM 图传	匹配不当 供电不足 接触不良	图像模糊不清，偶尔有花屏、马赛克、色块	检查供电电压是否合适、数据线是否接触良好，以及编码、解码芯片的匹配性	调整供电模块，检查线路接触，更换匹配芯片
Wi-Fi 图传	天线问题 路由器配置 网络兼容性	信号弱，图像卡顿、延迟、丢包	检查天线连接和方向、路由器设置，测试网络的兼容性	调整天线方向，重置路由器，更换兼容设备

续表

图传类型	常见故障	故障表现	判断方式	处理方法
无线网关图传	网卡问题 网线故障 TCP/IP 配置错误	无法建立连接，网络延迟，图像传输失败	检查网线、网卡驱动、TCP/IP 参数设置	更换网线，更新网卡驱动，修改网络参数

任务练习

1. 无人机遥控器如何进行维护？
2. 图传系统有哪些常见故障？出现故障后如何处理？

工匠精神

1. 能够熟练掌握无人机机载链路系统的组装、检测、维护、保养等技能，培养细致严谨的工作态度，提高工作效率和质量。

2. 能够熟练切换遥控器通道，培养动手能力。

任务 4　无人机常用传感器维护

任务描述

小张刚从学校无人机应用技术专业毕业，来到一家无人机行业应用公司上班。他从仓库申请领取了一套多旋翼无人机。在无人机起飞前，他忘记校准加速度计和陀螺仪。无人机起飞后，他发现无人机的姿态不稳。作为本专业的学生，请你结合所学专业知识说出加速度计和陀螺仪校准的重要性并写出校准步骤。

任务目标

1. 掌握无人机常用传感器的工作原理与维护方法。
2. 使用无人机维护工具完成无人机常用传感器的调试、维护和故障检测排查。

知识准备

无人机上常用的传感器有：加速度传感器、陀螺仪（惯性传感器）、磁罗盘、GPS 传感器、气压传感器、测距传感器等，如图 4－21 所示。

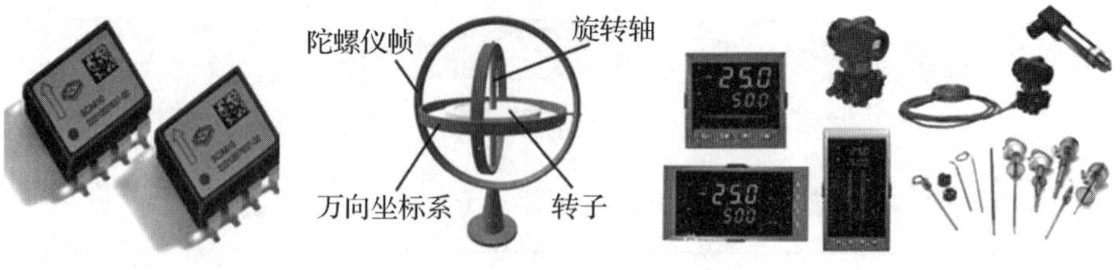

图 4－21　无人机上常用的传感器

一、加速度传感器

（一）加速度传感器的工作原理

加速度传感器又称为加速度计，是用来测量无人机运动的加速度并输出加速度信号的装置，也可用来提供水平及垂直方向的线性加速度。加速度计提供的相关数据可以用来计算无人机速率、方向和高度变化率。不仅如此，加速度计还可以用来监测无人机所承受的振动。因此，对于任何一款无人机来说，加速度计都是一个非常重要的传感器。

（二）加速度计的校准

开源飞控的加速度计校准步骤如下：

（1）接好 APM 的 USB 线，打开 MP，点击 CONNECT，如图 4－22 所示。

图 4－22　MP 连接界面

（2）点击主菜单“初始设置”，再点击“Mandatory Hardware”的“Accel Calibration”菜单，第一个按钮“Calibrate Accel”就是用于加速度计校正。

（3）了解 APM 的方向。在校正加速度计的时候，需要按提示将 APM 放在不同的方位，如图 4－23 所示。方位是以 APM 上 FORWARD 的箭头（机头方向）为参照，在提示方位的时候，把对应的那面平放在桌面或地上，在校正的时候，方位不能错。除了用 FORWARD 的箭头做参照外，也可以用 USB 端口的方向再检查一次是否正确。

（4）点击“Calibrate Accel”按钮，界面提示“Place vehicle level and press any key”，把 APM 水平放在桌面上后，点击“Click when Done”。

（5）界面提示“Place vehicle on its LEFT side and press any key”，把 APM 的左边平放在桌面上，放稳后再点击“Click when Done”。点击按钮前一定要拿稳 APM，否则会影响精度。

（6）界面提示“Place vehicle on its RIGHT side and press any key”，把 APM 的右

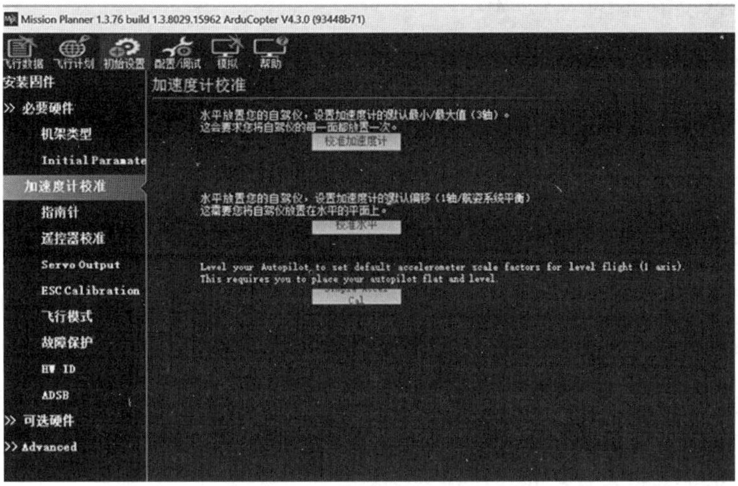

图 4－23　加速度校准界面

边平放在桌面上，用手压稳后再点击“Click when Done”。

（7）界面提示“Place vehicle nose Down and press any key”，把 APM 前部向下平放在桌面上，用手压稳后再点击“Click when Done”。

（8）界面提示“Place vehicle nose UP and press any key”，把 APM 前部向上平放在桌面上，放稳后再点击“Click when Done”。

（9）界面提示“Place vehicle on its BACK and press any key”，把 APM 的背面平放在桌面上，用手压稳后再点击“Click when Done”，完成加速度计的校正。

APM 的水平状态在飞行时对无人机影响最大，因此将飞控放在机架上校准加速度计和单独校准加速度计是有区别的。APM 装在机架上的水平状态才是真正的水平，此时校准的结果也最准确，APM 的官方教程也是要求将 APM 装在机架上后校准加速度计。但是，在机架上校准的缺点是除了水平方位外，其他方位的校准都不准确，而单独对 APM 进行加速度计校准正好相反。因此，建议第一次校准加速度计时还是单独对 APM 进行校准，如果装到机架后，由于各种安装原因造成 APM 无法水平放置，则可在机架上再做一次加速度计校准。在机架上校准时，一定要把无人机放在很平的地面上，以保证校准时水平状态的精确度。

二、陀螺仪

（一）陀螺仪的工作原理

陀螺仪是一种基于角动量守恒原理的传感器，它能够感知和测量物体的旋转运动。根据牛顿第二定律，对于一个旋转的物体，如果其轴线不受到任何外力作用，则其角动量将保持不变。陀螺仪就是利用这一原理，通过测量旋转物体的角速度来感知其运动状态的。

（二）陀螺仪的类型

1. 机械陀螺仪

机械陀螺仪是一种基于角动量守恒原理的传感器，如图 4-24 所示，它由一个高速旋转的转子和一个框架组成。当转子沿着框架的轴线旋转时，如果框架发生旋转运动，则转子会产生一个反向的扭矩，这个扭矩的大小与框架的旋转角度成正比。通过测量这个反向扭矩的大小，可以计算出框架的旋转角度，从而实现姿态测量和姿态控制。

2. 光纤陀螺仪

光纤陀螺仪是一种基于萨格纳克干涉原理的传感器，如图 4-25 所示，它利用了光学干涉的原理来测量物体的旋转运动。光纤陀螺仪由一个高速旋转的光纤环和一个信号处理器组成。当光纤环沿着环的轴线旋转时，通过信号处理器对光的干涉现象进行测量，可以计算出物体的旋转角度。

图 4-24　机械陀螺仪

图 4-25　光纤陀螺仪

3. 激光陀螺仪

激光陀螺仪是一种基于萨格纳克干涉原理的传感器，如图 4-26 所示，它利用光学干涉的原理来测量物体的旋转运动。激光陀螺仪由一个高速旋转的激光束和一个信号处理器组成。当激光束沿着束的轴线旋转时，通过信号处理器对光的干涉现象进行测量，可以计算出物体的旋转角度。

图 4-26　激光陀螺仪

（三）陀螺仪的应用

1. 姿态控制

陀螺仪在航空、航海、车辆以及机器人等领域被广泛应用于姿态控制。例如，在无人机飞行控制系统中，陀螺仪能够感知和测量无人机的姿态变化，并将这些信息反馈给控制系统，从而实现无人机的姿态控制和稳定飞行。

2. 导航和定位

陀螺仪在导航和定位方面也有着广泛的应用。例如，在 GPS 失效的情况下，利用陀螺仪和其他传感器组合可以实现惯性导航和定位。在军事领域，这种技术被广泛应用于无人驾驶车辆、导弹和无人机等武器系统的导航和定位中。

3. 虚拟现实和游戏控制

陀螺仪在虚拟现实和游戏控制方面也有着广泛的应用。例如，在虚拟现实头盔中加入陀螺仪，可以实现更加逼真的虚拟现实体验；在游戏手柄中加入陀螺仪传感器，可以实现对游戏中的物体进行更加精准的控制和操作。

三、磁罗盘

磁罗盘工作原理及校准

磁罗盘是利用地球自身的磁场来确定方向的。地球就像一个巨大的磁铁，周围有磁力线环绕。这些磁力线从地球南磁极伸出，向北进入地球北磁极。磁罗盘中的磁针可以自由转动，被地球磁场影响，其北极会指向地球的北磁极，这样就可以利用磁针的方向来判断地理方位。

磁罗盘在无人机上的应用主要体现在以下几个方面：

（一）姿态参考

无人机的飞控系统可以使用磁罗盘的数据作为姿态控制的参考之一，帮助判断无人机的航向角。

（二）与 GPS 集成应用

磁罗盘与 GPS 模块可以结合使用，相互提供备份，使导航系统更可靠。例如，GPS 失效时，磁罗盘可以提供基础导航。

（三）保持航向

当遥控信号短暂失联时，磁罗盘可以帮助无人机维持原有的飞行航向，防止偏航，且可以辅助自动返航系统一键返回。

四、GPS 传感器

GPS 传感器如图 4－27 所示，它通过接收由 GPS 卫星发出的无线电信号，根据信号传输时间计算距离，从而确定接收器的位置坐标。通常需要同时锁定 4 颗以上的卫星，才能完成三维定位。

图 4－27 GPS 传感器

GPS 传感器在无人机上的应用主要体现在以下几个方面。

（一）定位导航

无人机需要利用 GPS 模块锁定卫星信号，实时获取自身的精确位置坐标和高度，进行自主导航。这是无人机能够自动或半自动飞行的基础。

（二）航点飞行

通过 GPS 定位，无人机可以按照预设的航点飞行，实现定点巡航、自动返航等功能。

（三）遥控指挥

地面站可以接收到无人机的 GPS 坐标，监控其实时位置并通过数据链进行遥控指挥。

（四）图像地理标定

通过结合无人机的 GPS 位置数据，可以对拍摄的图像进行地理坐标标定，将其应用到地理信息系统中。

（五）群控管理

在无人机群的协同作业中，利用 GPS 可以实现对每架无人机的位置监视和精确调度。

五、气压传感器

气压传感器主要用于测量无人机的高度，如图 4－28 所示。通过检测大气压强变化，气压传感器可以实时计算出无人机相对于地面的高度。这对于避免碰撞、保持稳定高度飞行和执行任务具有重要作用。

图 4－28　气压传感器

气压传感器通常采用电容式或压阻式原理。在电容式气压传感器中，气压变化导致薄膜形状发生改变，从而改变电容值；压阻式气压传感器则利用压力引起压敏元件电阻值的变化来测量气压。气压传感器的输出信号需要经过温度补偿和非线性校正处理，以满足无人机对高精度的要求。

六、测距传感器

（一）红外线传感器

红外线传感器如图 4－29 所示，它能够感应目标辐射的红外线，是利用红外线的物理性质来进行测量的传感器。按探测机理，红外线传感器可以分成光子探测器和热探测器。红外传感技术已经在现代科技、国防和工农业等领域获得了广泛的应用。

图 4－29　红外线传感器

（二）激光雷达传感器

激光雷达传感器如图 4－30 所示，是以发射激光束探测目标的位置、速度等特征量的雷达系统。以北醒 TF02 激光雷达传感器为例，它发出经调制的近红外光，遇物体后反射，通过计算调制红外光的发射、反射后产生的相位差，来换算与被测目标物体之间的距离。

（三）超声波测距传感器

超声波测距传感器如图 4－31 所示，它是一种可以在固体、气体和液体三种介质之间传播的频率高于 20kHz 的声波。其在工业应用中有两种形式：横向振荡（横波）及纵向振荡（纵波）。其原理是超声波测距传感器发射一定频率的超声波，借助空气媒介传播，到达测量目标或障碍物后反射回来，经反射后由超声波接收器接收脉冲。超声波在空气中的传播速度为 $C=340\text{m/s}$，根据计时器记录的时间 T，计算出发射点与障碍物的距离 L，即：$L=C\times T/2$。

图 4－30　激光雷达传感器

图 4－31　超声波测距传感器

超声波测距传感器是利用超声波发射和接收原理，测量无人机与障碍物的距离。这有助于实现避障功能，提高无人机的安全性。

1. 超声波测距传感器的优势

（1）无任何机械传动部件，不怕电磁干扰，不怕酸碱等强腐蚀性液体，稳定性强。

（2）频率高、波长短、绕射现象小，特别是方向性好，能够定向传播。

（3）对液体、固体的穿透能力很强，尤其对阳光下不透明的固体。

（4）超声波测距传感器对被测物进行非接触式无磨损的检测，它对透明或有色物体，金属或非金属物体，固体、液体、粉状物质均能检测。其检测性能几乎不受任何环境条件的影响，包括烟尘环境和雨天。

2. 超声波测距传感器的选型因素

（1）使用环境：超声波测距传感器应避免在高温、有电磁干扰的环境中使用。

（2）检测距离：一般来说最长 8 米。

（3）输出方式：模拟量输出（检测距离）或者是固态输出（检测有无）。

（4）对被测物的要求：检测时不接触被测物，对被测物的颜色、透明度无要求，被测物不能是声音吸收材料（如海绵等），被测物的形状不能影响声波的反射，如果被测物是声音吸收材料或被测物形状影响声波的反射，则必须配反射器（可以是机器上任何平坦坚硬的部分）构成反射系统进行检测。

3. 超声波测距传感器使用注意事项

（1）为确保可靠性及延长使用寿命，不要在户外或高于额定温度的地方使用。

（2）细粉末和棉纱之类的材料在吸收声音时无法被检出（反射型传感器）。

（3）传感器表面有水滴会缩短检出距离。

（4）由于超声波测距传感器是以空气作为传输介质，因此局部温度不同时，分界处的反射和折射可能会导致传感器误动作，有风时检测距离也会发生变化。因此，不应在强制通风机之类的设备旁使用传感器。

（5）不要在有蒸汽的区域使用传感器，此区域的大气不均匀会产生温度梯度，从而导致测量错误。

（6）不能在真空区或防爆区使用传感器。

4. 噪声对超声波测距传感器的影响

（1）螺旋桨噪声：螺旋桨旋转会带来气流紊乱，应将传感器安装在远离螺旋桨的位置，避免安装在螺旋桨涡流中。如果使用传感器测量到地面的距离，通常将传感器安装在机身下方和机身中心附近。

（2）电噪声：电机所使用的电能通常共用相同的微控制器，控制飞行和读取传感器。可以通过安装电源过滤器降低电噪声的干扰。

（3）机架振动噪声：多旋翼无人机存在机架的振动。可以通过安装橡胶垫圈、泡沫胶带的方式来降低机架振动噪声。

七、传感器的常见故障及故障检测

（一）传感器的常见故障

1. 数据偏差大

PIXHAWK 飞控内置两套 IMU 系统、陀螺仪、加速度计、电子罗盘，当两套传感器数据偏差较大时，地面站会报错，此时需要将无人机静置 1 分钟，飞控会自动校准。

2. 陀螺仪故障

当无人机在飞行中突然出现航向不断旋转的现象时，通常是一套陀螺仪故障导致的，指示灯也会变红闪烁。

3. GPS 故障

GPS 模块包含电子罗盘和 GPS 接收机。若外置电子罗盘数据不正确，则表明其自身工作异常。若 GPS 能定位但飞控无法定位，则表明两者连接出现了问题。

4. 电子罗盘干扰

无人机会围绕一个中心点旋转但指向保持不变。电子罗盘的干扰源主要有两个：一是来自周围的环境，比如高压线或强磁体，或者距离某种电磁场太近；二是受到无人机电机的磁性干扰，这种干扰可以通过飞行数据查看。

（二）传感器的故障检测

（1）使用飞控自检端口。上电时会对各传感器进行自检，检测结果会以串口的方式发出，通过读取串口信息判断传感器是否有故障。

（2）连接地面站，观察各传感器实时数据，判断数据是否异常。转动飞控，查看数据变化，如果出现不正常的数据或者数值特别大的就说明传感器有故障。

（3）用示波器监测传感器通信线路的数据，解码后将数据与传感器手册进行对比判断是否有故障。这需要我们了解传感器通信协议，操作比较复杂。

任务练习

1. 如何校准加速度计？

2. 传感器有哪些常见故障？如何处理这些故障？

工匠精神

1. 能够熟练掌握无人机常用传感器的组装、检测、维护、保养等技能，培养细致严谨的工作态度，提高工作效率和质量。

2. 培养严谨细致的学习态度和持续学习的学习习惯。

项目小结

通过本项目的学习，学生掌握了无人机飞控系统、通信系统、机载链路系统和传感器的工作原理及维护方法，培养了使用工具完成四旋翼无人机组装、检测、保养维护技能，锻炼了动手实践的能力和不断总结的习惯，有助于提升专业水平。

项目实训

一、实训地点

无人机制造、维护实训室，须具备螺丝刀、内六角扳手、电烙铁等实训工具及实训桌。

二、实训设备

四旋翼无人机料盒。首先对元器件数量和质量进行清点，配件见表4-6，元器件外观如图4-32所示。

表 4-6　四旋翼无人机器件规格

器件名称	规格	数量
四旋翼 PCB 机架	150mm×100mm	1
空心杯电机	720 型号	4
螺旋桨	两正两反	4
固定橡胶圈	内径 6mm	4
接线端子	2.54mm	8
插头	2P	4
电池	3.7V 300mAh	1
充电器	3.7V USB 充电器	1

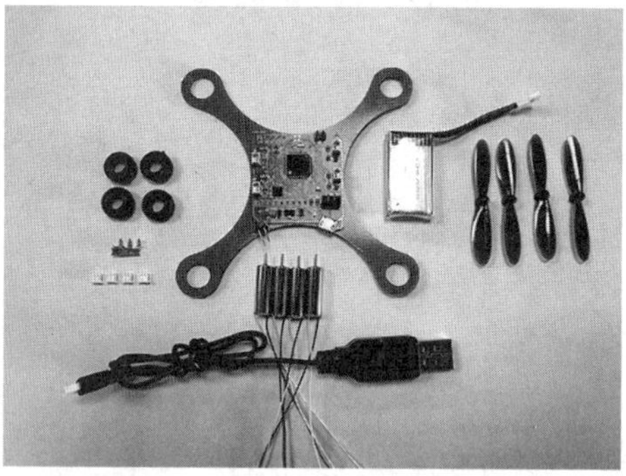

图 4-32　四旋翼无人机元器件

三、实训过程

（一）实训流程

流程一：教师进行实训前“6S”管理说明及安全教育。

流程二：班长组织学生进行分组，选取组长，并将分组情况汇总交给老师。

流程三：各组长领取维修工卡，确定实训内容，领取实训所需工具，并清点下发的实训耗材。

流程四：进行实训步骤操作。

流程五：各组长汇报实训结果，进行课堂讨论。

流程六：教师验收实训结果并打分。

流程七：整理实训室台面。

（二）实训内容

1. 无人机组装

（1）将接线端子压在电机线上，将压好的接线端子插入插头中（接线端子有倒钩一侧插入插口有压片的一侧，如需调整电机转向，则将压片挑起，将端子从插口拔出后交换顺序即可)，如图4－33、图4－34所示。

图4－33 空心杯电机的接线端子

图4－34 空心杯电机的公头胶壳

(2) 将固定橡胶圈装入机架电机孔中，如图4－35所示。

(3) 将电机装入固定橡胶圈中，注意保持电机垂直安装，保持四颗电机的安装高度一致，如图4－36所示。

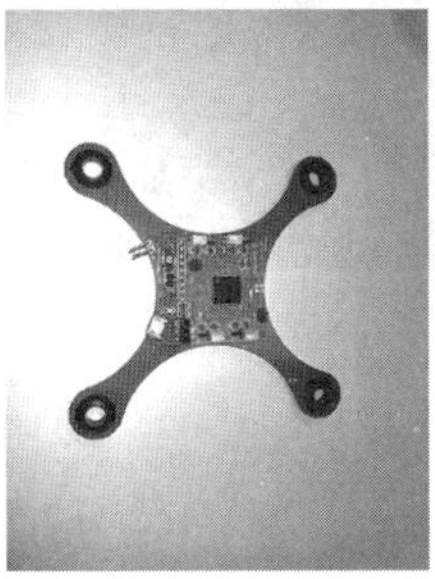

图4－35 固定橡胶圈

图4－36 将电机装入固定橡胶圈内

(4) 将电机插头接入PCB板上接口底座中(注意正反)，有标识的一侧为机头方向，对应接线如图4－37所示。

(5) 将接收机接入PCB的PPM接口中，选择接收机模式为PPM(红、蓝灯都亮为PPM)。注意接收机标识与PCB上丝印对应，图4－38中从左至右依次为PPM、＋5V、GND。

图4－37 插头接线图

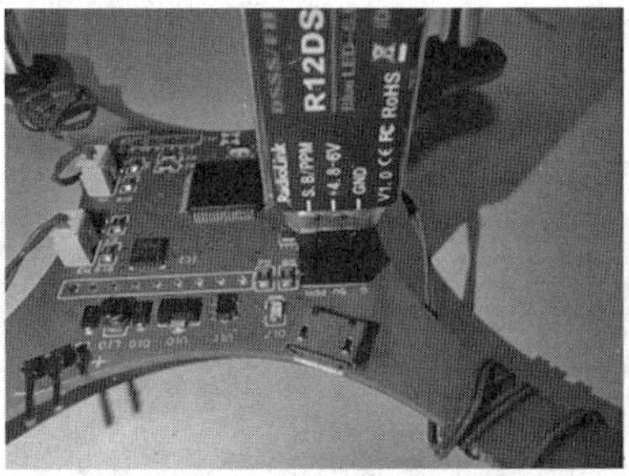

图4－38 接收机接入参照图

2. 无人机调试

(1) 遥控器调试。

对频：打开遥控器电源，给四旋翼无人机通电，长按接收机对频按钮，如图 4－39 所示，待对频按钮闪烁后松开，接收机将自动与遥控器对频，需要等待3～5s，待遥控器界面信号强度满格即表示通信已建立。

图 4－39　接收机

若遥控器界面锁定，则须长按遥控器 PUSH 键进行解锁。

机型设置：长按遥控器菜单键，进入菜单界面→机型选择→进入机型设置→点击确认键，滑动滚轮，可选择多旋翼模型或固定翼模型等，如图 4－40 所示。

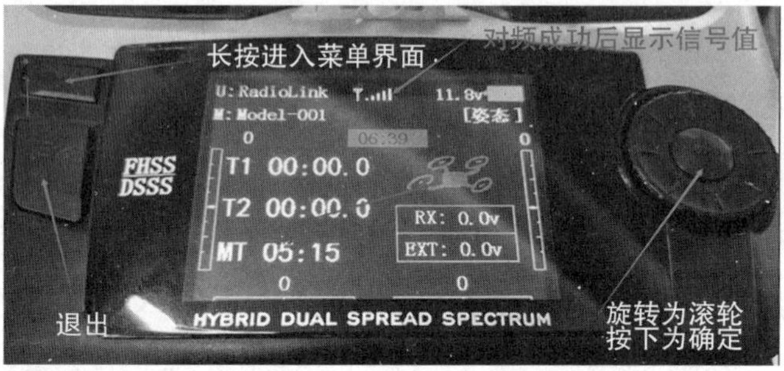

图 4－40　遥控器界面图

(2) 地面站调试。

1) 地面站与无人机有线连接：用 Mic USB 数据线将无人机与计算机相连，在查看计算机设备管理器端口中找到新增的 COM 口，并在 BETAFLIGHT 软件中选择对应的 COM 口，点击连接，如图 4－41 所示。

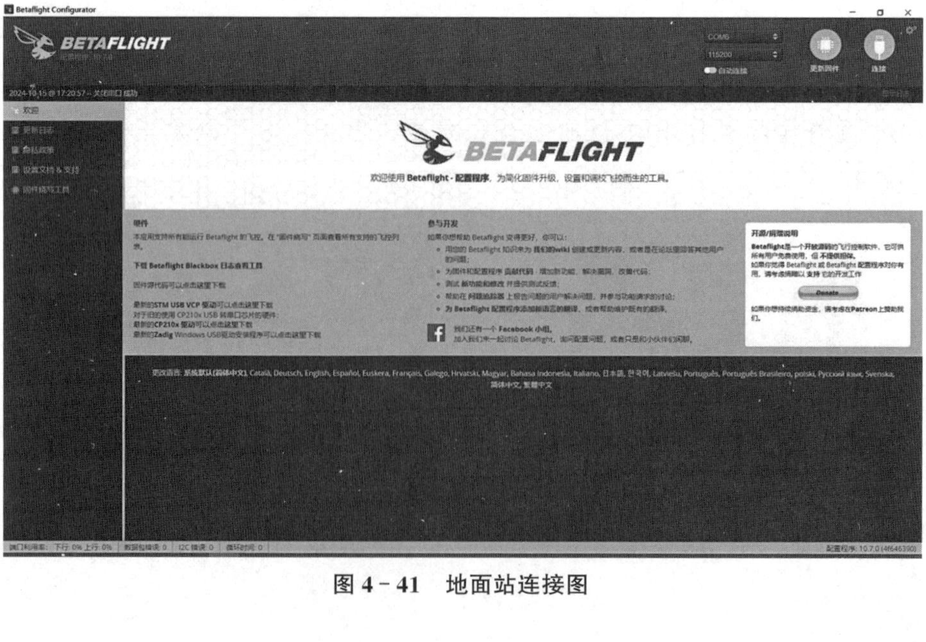

图 4－41　地面站连接图

2）姿态传感器校验：地面站与无人机连接成功后，地面站软件显示如图 4－42 所示的界面。晃动无人机，通过观察地面站软件中无人机姿态的变化来校验姿态传感器是否正常工作，校验后将无人机水平放置并保持稳定，在设置界面中点击校准加速度计和重置 Z 轴，如图 4－42 中标注所示。

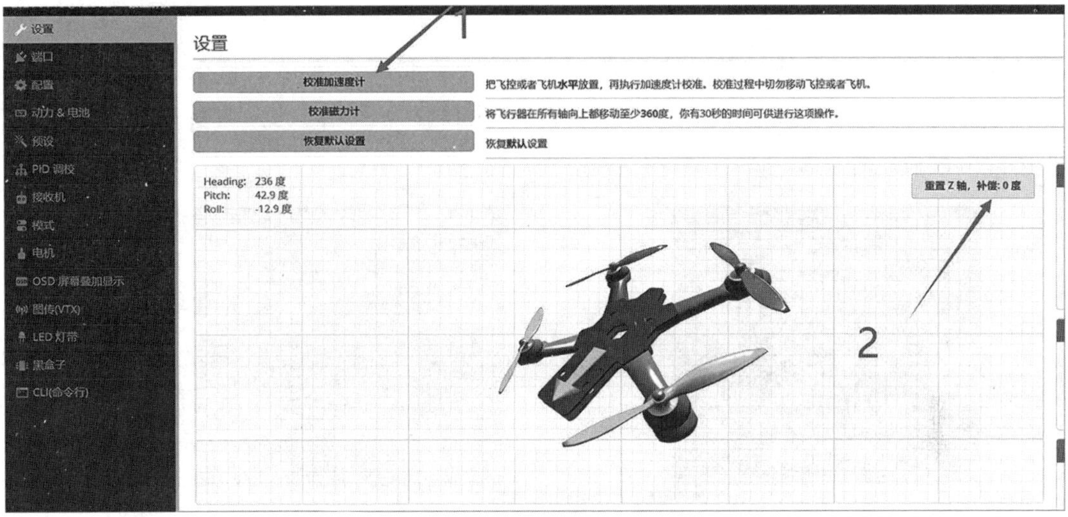

图 4－42　姿态传感器校验图

3）飞控通信协议配置：点击地面站配置选项，将接收机模式改为 PPM 模式，与遥控器通信模式保持一致，如图 4－43 所示。

注意：BETAFLIGHT 地面站软件操作中，修改数据后，要在当前界面点击保存/保存并重启按钮，如图 4－44 所示。

图 4－43　飞控通信协议配置

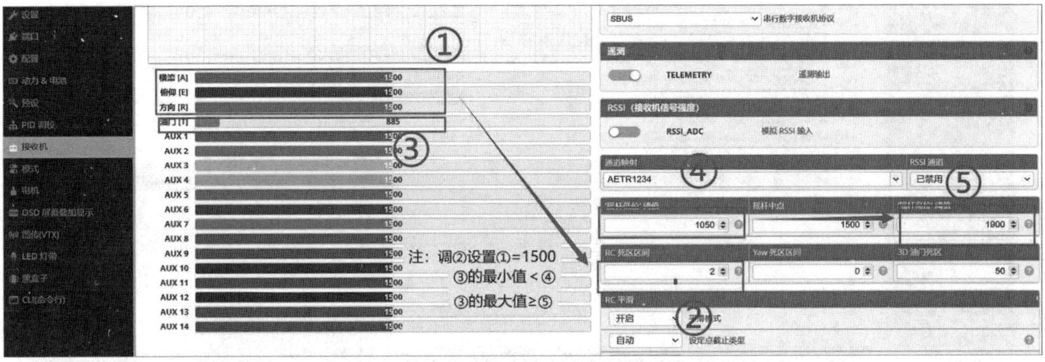

图 4－44　参数保存

4）通道反相调整：将左右遥杆均打到左下方，观察图 4－45 中 1～4 通道数值，若数值均为最小值，则通道设置正确，若任一通道出现不同，则均须进行通道反向调整。调整方式为长按遥控器菜单键→进入菜单界面→舵机相位→选择通道→按下滚轮确认通道→旋转滚轮至相应相位→再按下确定即可修改，如图 4－45 所示。

5）遥控器中立微调：点击地面站软件中接收机按钮，设置遥控器进入中立微调选项，调整遥控器 1～4 通道数值，如图 4－46 所示，使得地面站中横滚、俯仰、方向、油门的数值稳定在 1 500，若出现数值跳动，则是摇杆虚位引起的，调整地面站界面 RC 死区区间数值即可解决。

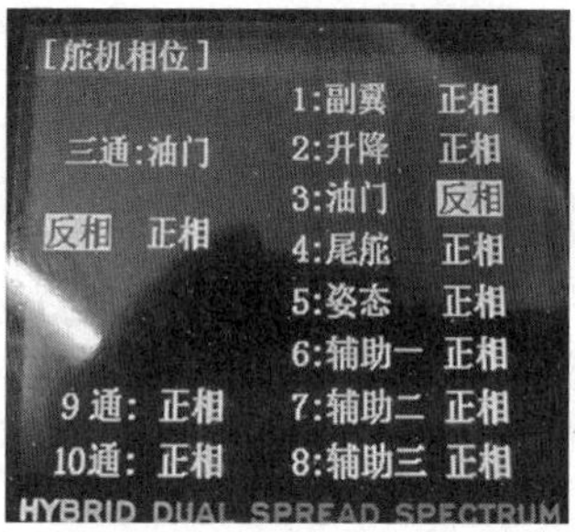

图 4－45　通道反相调整

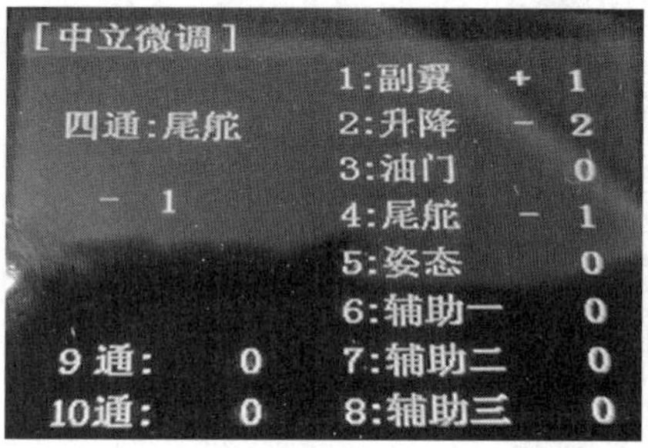

图 4－46　遥控器四个通道中立微调

遥控器中立微调的方法为长按遥控器菜单键进入菜单界面→中立微调→选择通道→按下滚轮确认通道→旋转滚轮调整中立数值。

6）调整油门阈值：将遥控器油门拉到最低值，地面站显示油门数值要低于摇杆低位阈值，将遥控器油门推到最大，地面站显示油门数值要大于或等于摇杆高位阈值，若阈值设置错误，则无法解锁无人机，如图 4－47 所示。

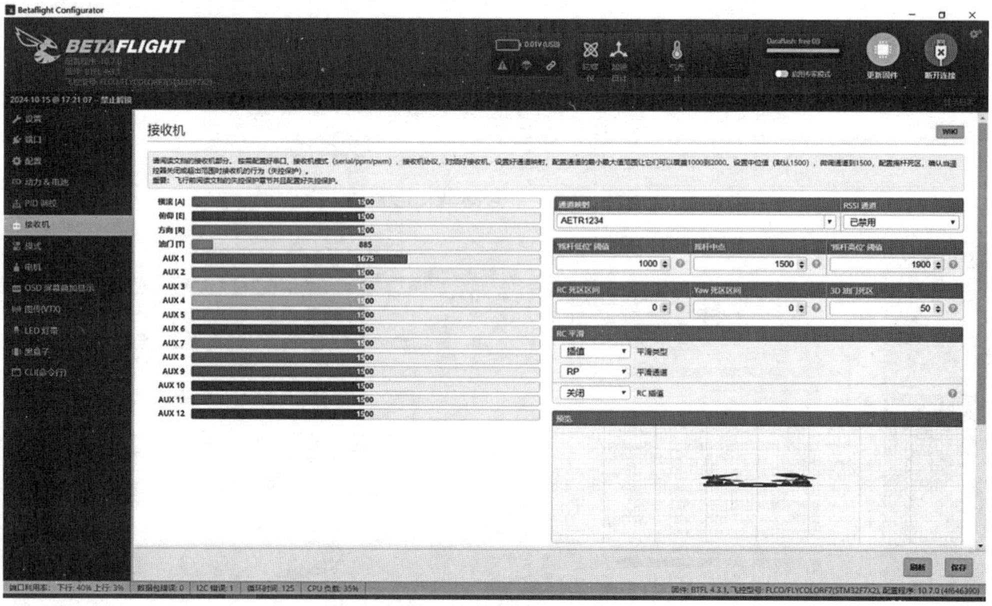

图 4－47　调整油门阈值

7）遥控器拨杆解锁设置：1～4 通道为固定设置，5～10 通道可以根据用户需求进行解锁或模式自定义。例如，将遥控器的 6 通道设置为拨杆 F，用于解锁，遥控器的 7 通道设置为拨杆 E，用于姿态模式切换。在地面站界面中点击接收机界面选项，拨动遥控器 F 杆，确定其在地面站软件中所占用的通道，如 F 杆占用 AUX2 通道，E 杆占用 AUX3 通道。点击地面站模式选项，点击第一个 ARM 选项，将 AUX2 通道添加为解锁拨杆，拖动黄色范围条至合适范围（当下方黄色指标在黄色范围条中时表示当前处于该模式），如图 4－48 所示。同理设置其他模式，ANGLE 为自稳模式，若不需要选择其他模式，则可在当前模式中将黄色范围条拉满，即可覆盖所有范围，则无人机将一直处于自稳模式中。若需要将 E 拨杆设置为控制自稳、半自稳、手动飞行模式，则点击 HORIZON 为半自稳模式，点击添加范围，选择 AUX3，拖动黄色范围条至合适范围（当下方黄色指标在黄色范围条中时表示当前处于该模式），三种模式各占范围条的三分之一，不能叠加占用，若不添加范围，则默认为手动模式。

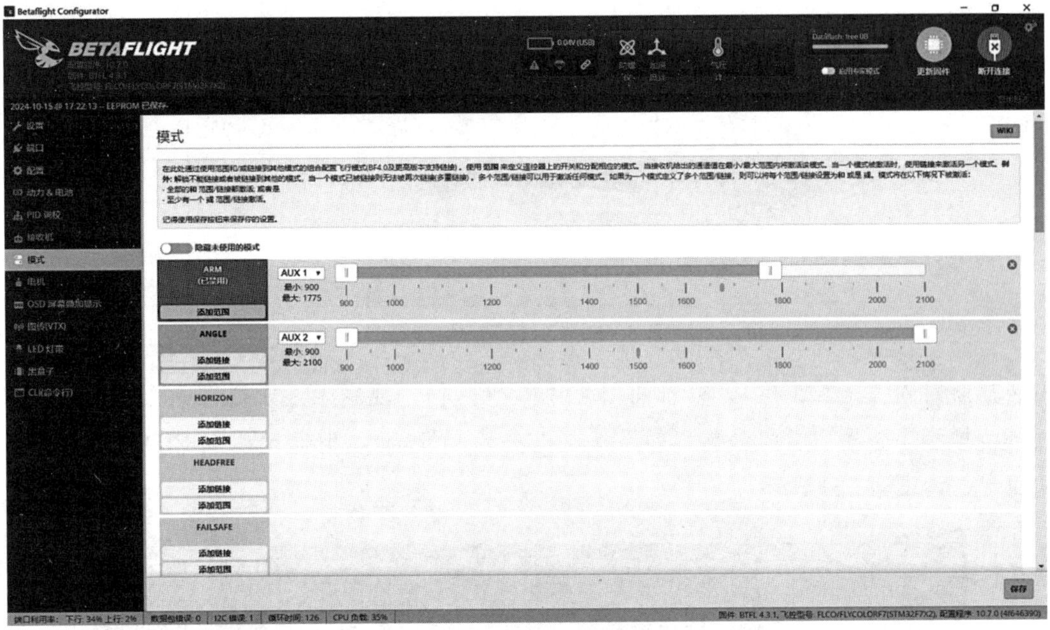

图 4－48　遥控器拨杆解锁设置

8）设置电机转向：此模式需要给无人机供电，确定机头方向后连接动力电池（注意区分正负极）。选择“我已了解风险”后缓慢拖动主控制到电机旋转即可，用手感受各个电机转向是否符合规范图。若有不正确的电机，则需要调换该电机的两根供电线位置（无刷电机则需要调整电调转向或将电机的香蕉头中任意两根对调位置），如图 4－49 所示。

9）打杆观察无人机姿态：箭头方向为机头，打杆观察该动图检查无人机姿态，如图 4－50 所示。界面图需要详细叙述。

3．试飞

断开调参线后连接动力电池，将无人机放置在水平位置上后解锁（若无法解锁则需

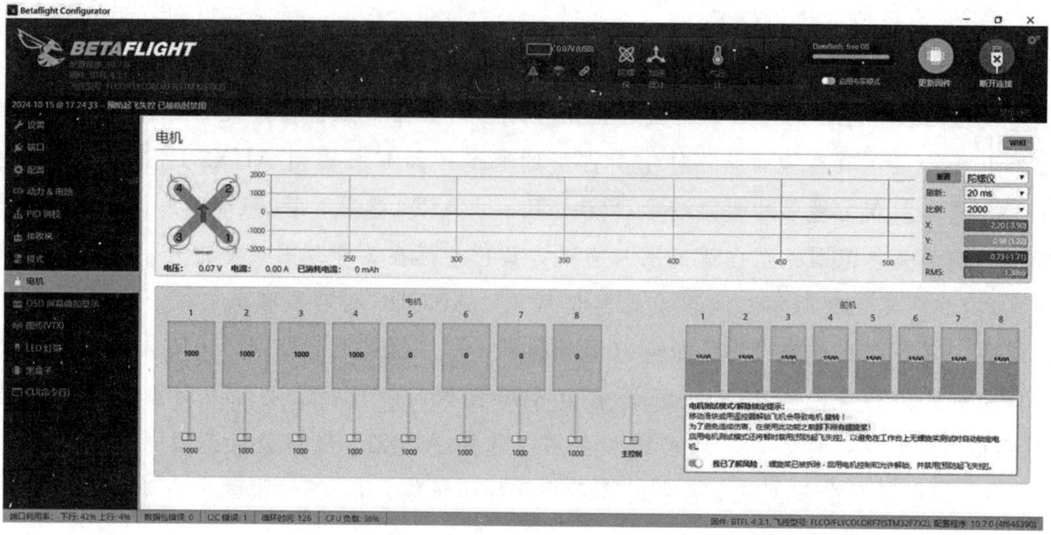

图 4－49　设置电机转向

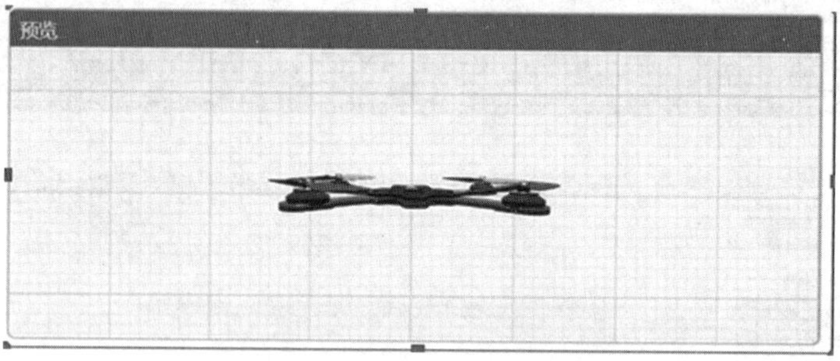

图 4－50　观察无人机姿态

要检查油门阈值是否正确)，轻推油门至无人机悬停，观察无人机姿态是否稳定。若飞行抖动排除了外界因素的影响（如风、电机安装有倾斜)，则通过调试 PID 使无人机恢复稳定，如图 4－51 所示。

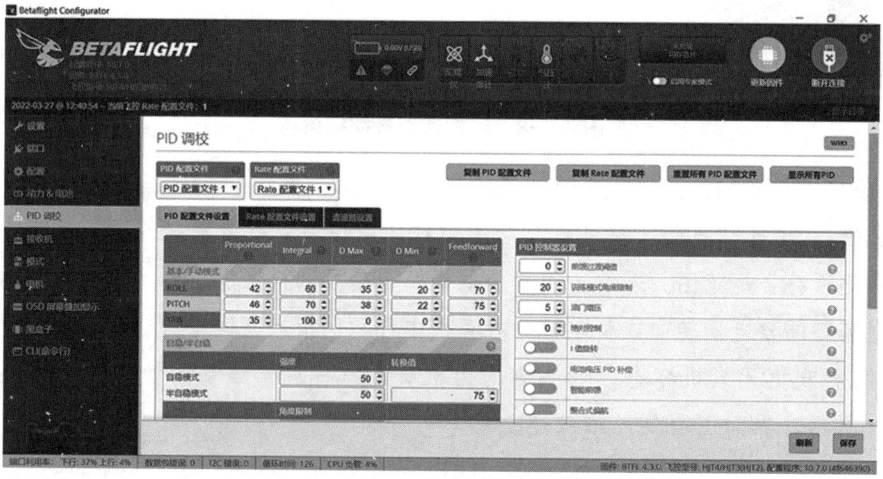

图 4－51　PID 调试

4. 调整PID的注意事项

(1) 将所有参数清零，增加P值，直到能让输出在最短时间内达到期望值。

(2) 如果系统开始振荡，意味着P值大了，减小P值直到振荡消失。调节完P值后，系统的实际值也许会稍大于或小于期望值（可看作稳态误差）。

(3) 缓慢地增加I值直到误差消失为止。注意：通常I值都比较小（一般为千分之一），也取决于更新PID的频率。当在室外时，I值对室外误差（如有风时）非常有效。

(4) 如果输出让系统开始振荡，可试着缓慢减小I值。

(5) 如果系统是低动态系统，那么调节可到此为止了。但对于多轴无人机这种高动态系统来说，必须调节D值。如果感到系统对误差的反应滞后了，则应该缓慢增加D值。

(6) 如果系统开始出现高频振荡，意味着有一个过大的D值放大了噪声，这时应该适当地减小D值（如果系统有较大的噪声，则最好保持D值为0）。

(7) 最后注意Limits值。

课证融通

本项目内容与无人机检测与维护职业技能等级证书相融通部分详见表4-7、表4-8、表4-9。

表4-7 无人机检测与维护职业技能等级要求（初级）

工作领域	工作任务	职业技能要求
航前准备与检测	系统拆装与连接	能依据操作规范，完成遥控器对频
		能连接无人机与超视距控制站
	系统航前检测	能完成多旋翼无人机系统中辅助定位系统校准操作

表4-8 无人机检测与维护职业技能等级要求（中级）

工作领域	工作任务	职业技能要求
无人机机体拆装	固定翼无人机拆装	能完成飞控、接收机与数传电台的拆装
	无人直升机拆装	能拆装飞控、接收机与数传电台
电子维护维修操作	电子电气相关仪表或工具的使用	能使用信号发生器设置预定脉宽的PWM信号，并做实时增减操作
		能使用示波器判断遥控接收机信号类型
		能使用示波器测量串口定义以及对信号进行调整
		能使用示波器读取接收机信号的频率与占空比
	电路防护	能使用飞线进行接收机/数传电台的共地焊接

续表

工作领域	工作任务	职业技能要求
电子维护维修操作	电子设备识别与拆装	能进行飞控、遥控接收机、数传电台、电调信号线的连接检查
		能在机架上进行动力与控制线路的布线、捆扎与固定
		能识别并安装各类型传感器（包括天线）

表 4-9　无人机检测与维护职业技能等级要求（高级）

工作领域	工作任务	职业技能要求
电子电气维护维修	链路测试	能完成定位传感天线、机载数传天线、机载图传天线的布置
		能进行分立式 OSD 系统、摄像头、机载图传模块、电源等之间的线路制作
		能连接电脑进行数传电台的波特率设置
		能将地面数传电台模块调整至不同串口
		能完成惯性测量单位的检测与维护
	传感设备检测与维护	能完成电调的检测与维护
		能完成 GPS 天线的检测与维护
		能完成电子罗盘的检测与维护
		能完成压强传感器的检测与维护
	电子电气故障隔离与排除	能对飞控相关错误引起的电机运转异常进行分析及故障排除
		能对飞行器与地面站连接不通的异常进行分析及故障排除
		能对图传地面无图像的异常进行分析及故障排除
		能对无人机飞控地面自检不通过的异常进行分析及故障排除
软件维护调试	飞控连接	能使用串口转 USB 调试线调试串口
		能完成飞控固件升级
		能退出飞控连接
	飞控调试	能进入飞控参数调节界面
		能对 PID 参数进行调节
		能针对控制通道及行程进行调节
		能设置飞行模式与功能
		能针对试飞数据进行参数调整
	地面站软件调试	能完成地面站软件中海拔高度与气压高度的修正
		能对提供的飞行参数数据进行分析
		能对提供的地面站日志数据进行分析

课后习题

一、单选题

1. RC not calibrated 指的是下列哪一种飞控的自检报错？（　　）

A. 遥控器没有校准　　B. 安全开关未关闭，长按至灯常亮

C. 气压计不健康　　D. 罗盘没有校准

2. 打开电源开关后，蜂鸣器可能会发出报警警示音，这通常不是下面哪种情况造成的？（　　）

A. 电池电压过低　　B. RF 设置关闭

C. 开启了特技开关　　D. 油门被锁定

3. 下列选项中，不属于开源飞控的是（　　）。

A. PIX 飞控　　B. F4 飞控　　C. A2 飞控　　D. APM 飞控

4. 下列选项中，属于开源飞控特性的是（　　）。

A. 调试简单　　B. 拓展性强

C. 应急处理能力强　　D. 成本高昂

5. 以下常见的无人机数传模块频率中，国内优先选用的是（　　）。

A. 433MHz　　B. 915MHz　　C. 5.8GHz　　D. 2.4GHz

6. 以下属于模拟信号图传特性的是（　　）。

A. 延迟较低　　B. 图像质量高

C. 受干扰时会卡顿　　D. 接收端适配性差

7. 在 4 人使用模拟信号图传无人机的情况下，优先使用（　　）频道进行飞行。

A. A　　B. B　　C. D　　D. F

8. 以下不属于模拟图传优点的是（　　）。

A. 价格低廉　　B. 可以多个接收机同时接收视频信号

C. 不易受到同频干扰　　D. 视频信号基本没有延迟

9. 下列不属于惯性测量单元 IMU 中的是（　　）。

A. 加速度计　　B. 陀螺仪　　C. 惯性传感器　　D. 飞行控制器

10. 下列不属于无人机电气元器件检查的是（　　）。

A. 数传信号发送、接收检查　　B. 螺旋桨更换

C. 图传信号检查　　D. 加速度计信号分析

11. 下列不属于超声波传感器选型时考虑的因素的是（　　）。

A. 使用环境　　B. 检测距离

C. 对被测物的要求　　D. 气候

12. 下列选项中，不属于影响超声波测距传感器定位的噪声来源的是（　　）。

A. 螺旋桨噪声　　B. 电噪声

C. 机架震动噪声　　D. 光噪声

13. 下列选项中，不是无人机上常用的传感器的是（　　）。

A. 加速度计传感器　　B. LED 灯

C. 陀螺仪　　D. 气压传感器

14. 多旋翼无人机上电信号的传播顺序一般为（　　）。

A. 飞控→机载遥控接收机→电机→电调

B. 机载遥控接收机→飞控→电调→电机

C. 飞控→电调→机载遥控接收机→电机

D. 机载遥控接收机→电机→电调→飞控

15. 关于超声波测距传感器的说法，错误的是（　　）。

A. 超声波测距传感器无机械传动部件，不怕电磁干扰，不怕酸碱等强腐蚀性液体，稳定性强

B. 超声波测距传感器的检测范围内可以有高温梯度

C. 超声波测距传感器频率高、波长短、绕射现象小，特别是方向性好，能够定向传播

D. 超声波测距传感器的输出方式有模拟量输出和固态输出两种类型

16. 关于 PIXHAWK 飞控调试顺序，正确的是（　　）。

A. 选机架类型→校准加速度计→校准罗盘→校准遥控器→刷固件

B. 带桨叶调试

C. 刷固件→选机架类型→校准加速度计→校准罗盘→校准遥控器

D. 选用向导模块

17. 关于 PID 控制的表述错误的有（　　）。

A. PID 控制属于闭环控制

B. 一般 P 值越大，无人机更快到达目标位置，但带来更高的振动频率

C. 一般 D 值越小，无人机越快稳定

D. P 值表示比例，I 值表示积分，D 值表示微分

18. 对于数传电台，－147dBm 的灵敏度比－196dBm 的灵敏度（　　）得多。

A. 两者没有可比性　　B. 相同　　C. 低　　D. 高

19. 数传电台在使用时需要考虑的环境因素包括（　　）。

A. 高温　　B. 潮湿　　C. 强电磁场　　D. 以上都对

20. 现代飞控内部使用的惯性测量单元通常包括（　　）。

A. 三轴陀螺仪和气压计　　B. 三轴加速度计

C. 都包括　　D. 三轴地磁传感器

21. 下列选项中，不属于影响超声波测距传感器定位的噪声来源的是（　　）。

A. 光噪声　　B. 电噪声

C. 机架振动噪声　　D. 螺旋桨噪声

22. 下列选项中，属于常规遥控器所用的天线的是（　　）。

A. 蘑菇（四叶草）天线　　B. 棍状天线

C. 平板天线　　D. 针状天线

二、判断题

1. 飞控板固件加载时，使用 USB 连接，串口通信波特率设置为 57 600。（　　）

2. 天线是一种变换器，它是在无线电设备中用来发射或接收电磁波的部件。（　　）

3. 激光雷达（LiDAR）是以激光作为载波、以光电探测器为接收器件、以 GPS 为天线的雷达。（　　）

4. 无人机的图传天线一般是全向天线。（　　）

5. 对开源飞控的加速度计进行维护校准的时候，不需要考虑飞控的方向。（　　）

6. 无人机的四叶草天线不需要垂直摆放。（　　）

7. 同环境条件下，平板天线图传质量比全向天线图传质量高。（　　）

8. 无人机数传的一端负责发射，另一端负责接收。（　　）

9. 在观看搭载模拟信号图传的无人机画面时，只需要频率相同即可。（　　）

10. 模拟信号图传的不同频道之间一定没有重复频率。（　　）

11. 为避免机架震动噪声对超声波测距传感器的影响，可以使用橡胶垫圈、泡沫胶带等缓冲装置。（　　）

12. 无人机数传的天空端、地面端的功率设置必须一致。（　　）

13. 无人机的模拟信号图传功率一般是 5.8GHz。（　　）

14. 无人机的数字信号图传的收发对应只需要频率相同。（　　）

15. 超声波传感器可以采用非接触式无磨损检测，不易受电磁干扰。（　　）

16. 超声波传感器可以在细粉末和棉纱之类的声音吸收材料上工作。（　　）

17. 超声波测距传感器不能在真空区或防爆区使用。（　　）

18. 为避免螺旋桨噪声对超声波测距传感器的影响，要尽可能将传感器安装在远离螺旋桨的位置。（　　）

19. 可以将超声波测距传感器安装在无人机螺旋桨附近。（　　）

三、填空题

1. 无人机图传天线一般有____________、____________、____________等类型。

2. APM 飞控调试过程较______，成本较______，可开发性较______，通过信号线直接与其相连接的硬件有______、______、______、______、______等。

3. 设某无人机模拟信号图传的发射端频率为 5 880MHz，功率为 50MW，其接收端频率应为________。功率是否必须为 50MW？________

4. 无人机上常见的测距传感器有超声波测距传感器、________________________、________________________等。

5. 通常情况下，较大增益的天线主要在________，而较小增益的天线则更适合于无线信号________的应用环境。

6. 一般天线都具有________，即同一副天线既可用作发射天线，也可用作接收天线。

四、简答题

1. 简述常见的开源飞控型号。

2. 简述 PIX 飞控要进行的初始设置。

3. 简述无人机模拟信号图传的手动与自动对频步骤。

4. 写出 5 条数传模块传输给地面站的无人机数据。

5. 数传是双工模块（发送和接收一体），将下图连线，使数传线可以接收和发射数据。

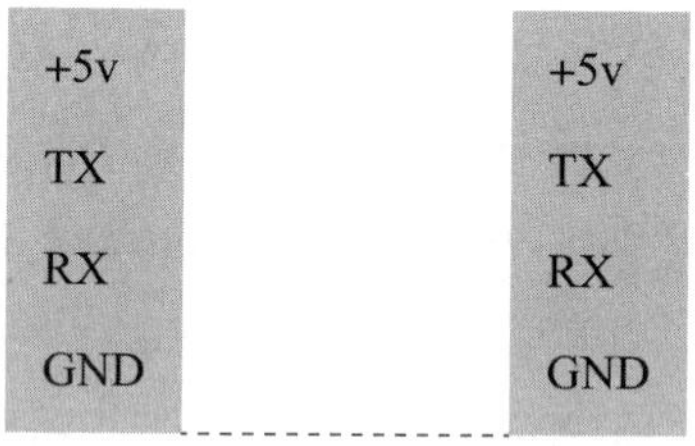

6. 简述基于开源飞控的加速度计维护校准的流程。

7. 影响超声波测距传感器定位的噪声来源主要有哪几种？

8. 写出 3 种无人机常用避障传感器，并简述其工作原理。

9. 无人机上哪些噪声会对超声波定位传感器产生影响？

10. 写出无人机感知系统常见的 5 个传感器。

11. 写出开源飞控的加速度计校准流程。

12. 简述地面站与飞控相连却接收不到数据的解决办法。

13. 简述无人机出现何种情况时，可以初步判定加速度计需要维护。

14. 无人机遥控天线如何放置才能稳定信号？

15. 简述无人机系统天线的种类，并说明哪些属于地面端，哪些属于无人机机载端。

项目 5　无人机典型作业载荷维护

学习目标

知识目标

（1）掌握无人机常用载荷的特点与工作环境。

（2）掌握无人机载荷调试与维护方法。

（3）掌握不同应用场景下无人机载荷的特点与维护方法。

技能目标

（1）能够熟练使用无人机维护工具完成植保、消防及航拍无人机任务载荷的调试与维护。

（2）能够熟练使用无人机维护工具完成无人机保养清洁。

（3）能够根据任务目标熟练制定维护方案，填写相应的作业任务书。

素质目标

（1）具有正确的择业观、积极的学习态度和扎实的专业技能。

（2）具有与无人机相关职业的岗位意识和吃苦耐劳精神。

（3）具有作业安全、标准化规范意识。

（4）能够养成规范的“6S”职业素养。

学习导图

- 无人机典型作业载荷维护
  - 植保无人机任务载荷维护
    - 知识
      - 植保无人机发展现状和作业优势
      - 极飞P系列植保无人机蠕动泵的维护与保养
      - 极飞P系列植保无人机喷洒系统校准
    - 技能
      - 能进行植保无人机喷洒系统管路连接
      - 能拆装、清理植保无人机的喷洒滤网
      - 能检查与处理喷洒管路阻塞情况
    - 素质
      - 培养乐观向上、敢于担当的工作态度
      - 培养吃苦耐劳、踏实肯干的职业精神
  - 消防无人机任务载荷维护
    - 知识
      - 消防无人机任务载荷的种类
      - 消防无人机任务载荷选型
      - 消防无人机任务载荷维护案例
    - 技能
      - 能完成消防无人机任务载荷的拆装
      - 能根据不同应用场景完成任务载荷的选型
      - 能分辨不同阶段消防无人机的常见故障及排查方法
    - 素质
      - 培养不畏艰险、勇于奋斗的工作态度
      - 培养尽职尽责、乐于奉献的职业精神
  - 航拍无人机任务载荷维护
    - 知识
      - 航拍无人机任务载荷的种类
      - 航拍无人机任务载荷的维护与保养
    - 技能
      - 能完成航拍无人机任务载荷的拆装
      - 能根据实际情况选用合适的任务载荷
      - 能分辨航拍无人机任务载荷的常见故障
      - 能在作业结束后对航拍无人机任务载荷进行维护与保养
    - 素质
      - 培养诚实守信、严谨细致的工作态度
      - 培养创新进取、团结协作的职业精神

任务 1　植保无人机任务载荷维护

任务描述

小张从学校无人机应用技术专业毕业后，来到一家无人机行业应用公司上班，他负责使用植保无人机帮助当地农民喷洒农药。在作业后，为了延长植保无人机的使用寿命，他该如何维护喷洒系统？作为本专业的学生，请你结合所学专业知识帮助他制定作业后喷洒系统的保养与维护方案。

任务目标

1. 了解植保无人机发展现状、作业优势。
2. 熟悉植保无人机结构与工作原理。
3. 能够熟练使用相关维护工具完成植保无人机任务载荷的调试与维护。

知识准备

一、植保无人机发展现状

农业是我国的基础产业，其中农药的使用在作物的种植和病害防治中占有重要地位。传统农药施用主要以人工背负药箱、手持喷杆喷雾为主，不仅作业时间长，劳动强度大，而且喷药量较大，容易导致用药过量、成本增加、环境和农产品污染等。

近几年，我国农业从传统走向现代，在生产方式、生产技术、体制机制等方面不断发展创新。我国农业机械化在农业领域的耕地、播种、田间管理、收割环节均有大、中、小型农业机械作保障，机械化程度较高，而农业植保领域因其特殊性导致机械化程度低，基本处于人工和半机械化状态，严重制约着农业集约化生产和农业现代化的实现。在农药喷洒方面，高地隙自走式喷杆喷雾机、植保无人机技术逐渐发展应用起来。高地隙自走式喷杆喷雾机是大型农业装备之一，适用于水田、旱田作物和菜地的除草、杀虫、灭菌等的喷洒作业，具有机械化和自动化程度高、通过性好、施药精准高效等优点，但也存在一次性投入成本高、坡地易倾覆、作物碾压损伤相对大等问题。另外，中国作为农业大国，人口老龄化趋势加剧，未来土地被承包，种田大户会越来越多，因此植保无人机的应用会越来越广泛，做好植保无人机负载维护十分重要。

利用植保无人机开展飞防作业，日本和美国等发达国家起步较早，产业体系相对成熟。自 1985 年日本雅马哈（Yamaha）公司生产出世界上第一架农用植保无人机，植保无人机已经历了 30 多年的发展历程。由于日本国土面积小，耕地面积小且分散，水稻地多，因此日本农业生产对无人机依赖性大，这促使了农用无人机快速发展，用于播种、监测、施肥、喷药等作业。美国农业生产则以大农场居多，经营规模大，往往使用载重量更大、续航时间更长、工效比更高的有人机进行植保作业。此外，韩国、巴西、俄罗斯、加拿大等都已将无人机应用于飞防作业。

我国农用无人机起步较晚，目前正处于快速发展阶段。2004 年在科技部“863 计划”的支持下，原农业部南京农业机械化研究所等开始无人机植保的研究和推广，2007 年开始植保无人机的产业化探索。2010 年，无锡汉和航空技术有限公司制造出我国第一架植保无人机交付市场，正式揭开了我国植保无人机产业化序幕。

目前，我国植保无人机保有量居全球第一，但短板仍然明显，在技术、体制等方面尚不成熟，适合无人机的药剂类型、沉降剂、软件等技术还有待进一步研发。

二、植保无人机作业优势

（一）适应面广

植保无人机携带方便，使用优势突出，既能满足不同作物的农药喷洒需求，又不受作物种植模式的影响。植保无人机大多采用旋翼类机型设计，起降简单，不要求有专用跑道，能够在水田、山地、坡地、不平整田地等地形进行飞防作业。针对作物的不同生长阶段，无人机飞防作业也有很大优势。以甘蔗施药为例，在生长前期利用拖拉机作业，会损伤部分甘蔗苗；在甘蔗生长后期施药更为困难，拖拉机根本无法作业，而人工很难喷到甘蔗顶部且农药对人身健康存在巨大安全隐患。使用植保无人机喷洒则可以轻松解决这些问题。

（二）节水节药

植保无人机为低空雾化喷洒，保证均匀喷施整个植株。人工喷洒每亩地的农药用量为 30～40kg，而植保无人机飞防作业每亩地喷施专用农药 1.5L 左右即可达到防治效果，这不仅节省水资源，减少农药使用量，还能够大幅度减少农药对生态环境的影响。

（三）效率高

植保无人机喷洒效率约为人工喷洒效率的 100 倍，可在一定程度上解决当今劳动力缺乏、劳动力成本高等问题。此外，植保无人机飞防作业大多使用飞防专用药剂，农作物吸收率比传统农药高得多，无人机飞行时产生的风力甚至可以将一些细长叶片翻转，使作物受药均匀。

（四）安全性高

无人机植保作业方式为远程遥控操作，人距离农药相对较远，减少了有毒农药对人体的伤害，还可以夜间作业，安全生产工作得到更大保障。

三、极飞 P 系列植保无人机载荷的维护与保养

植保无人机常见的载荷有喷洒系统、播种系统、农田测绘系统等。对植保无人机的载荷进行维护能够延长植保无人机的使用寿命。

喷洒系统由 1 个药箱、1 个流量计、3 个三通管、2 个蠕动泵组成，如图 5－1 所示。

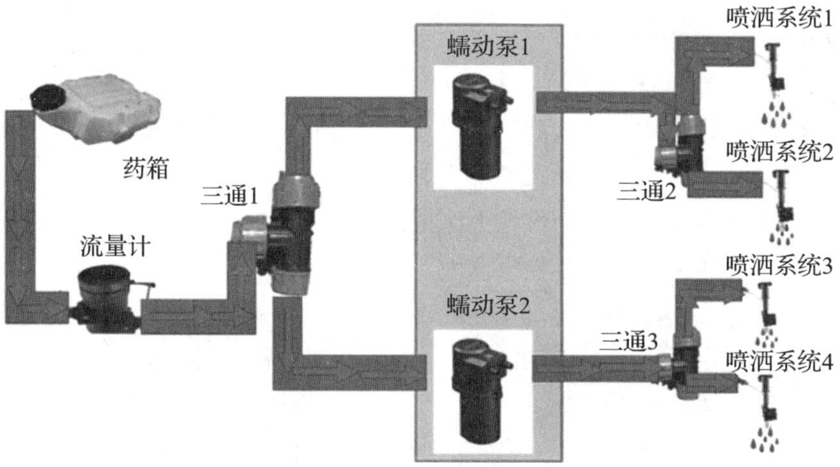

图 5－1　喷洒系统的结构组成与工作原理

（一）蠕动泵

蠕动泵的结构如图 5－2 所示。作为喷洒系统的动力源泉，蠕动泵能够源源不断地将药液从药箱中汲取出来并传输至各个喷头。

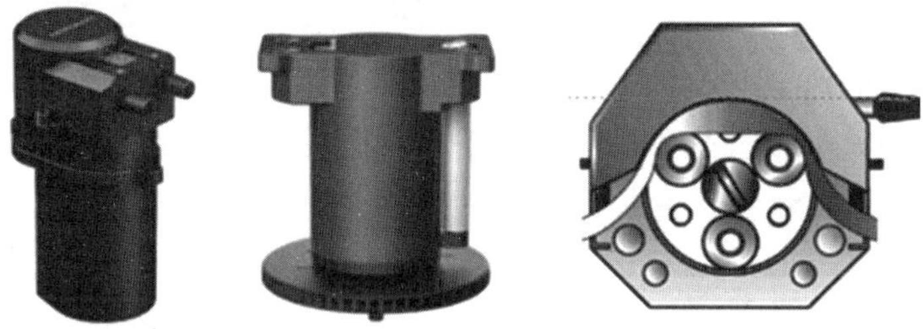

图 5－2　蠕动泵的结构

蠕动泵上有 3 处高速运转的部件或结构——蠕动泵电机、齿轮组和同步盘。其中，齿轮组、同步盘（包含 3 个滚轮的整体结构）出现转动不畅或异常的概率较高。维护保养时需要把存在卡顿、阻塞的部件取出，将部件和安放部件的空间都清洗干净。将性能正常、清洁的部件安装在正确的位置上，并在结构的活动部位加入少量润滑剂（不宜过多）。维护前后对比如图 5－3 所示。

（a）维护前　　（b）维护后

图 5－3　维护前后对比图

植保机
水泵更换

（二）泵管

泵管常出现裂口、失去弹性等故障，如图 5－4 所示。维护时先取出损坏的泵管，将同步盘和泵盖清洗干净，再截取长度合适的泵管，将泵管的两头套进直通宝塔接头（一种连接器）并用扎带勒紧，最后在同步盘的 3 个滚轮上涂抹适量的凡士林（一种润滑剂），将泵管和同步盘正确地安装在泵盖内。

喷洒系统的结构
原理及功能测试

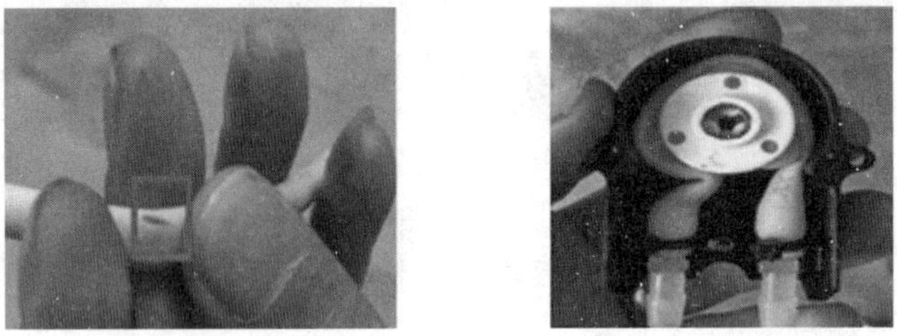

（a）裂口　　（b）失去弹性

图 5－4　泵管出现的故障

四、极飞 P 系列植保无人机喷洒系统校准

喷洒系统在长期使用过程中会因为器件老化等原因，致使其在运转时相应参数达不到既定的指标（如喷洒流速不达标），从而影响植保作业效果，因此需要对喷洒系统进行校准。分析校准所需材料见表 5－1。

表 5－1　分析校准所需材料

材料	规格及状态	理由
P20 植保无人机	待校准	喷洒系统校准的对象
药箱	功能完好	装载校准所需的药液
智能灌药机	功能完好	灌装校准所需的药液
A2 智能手持终端	功能完好	P20 校准的控制器
药液	植保作业喷洒所用药液	不同液体属性（如黏稠度）不同，用药液校准更精准
量杯	容量为 1 升以上，刻度精准	校准喷洒系统的量具，精确衡量

（一）校准步骤

（1）用智能灌药机向药箱中灌入 1 升以上的药液，建议至少灌装 1.5 升，以免药量不足。

（2）将装载药液的药箱放入 P20 植保无人机中，打开 A2 智能手持终端进入“植保作业”App，开启 P20 植保无人机，确保 A2 智能手持终端与 P20 保持连接。

（3）打开喷洒系统界面，点击“校准”进入喷洒系统校准。

（4）选择要校准的喷洒单元，将量杯放置在所要校准的喷洒单元的喷头下（接取校准时流出的药液），点击“开始校准”进行校准。

（5）当量杯中的药液大于 1 升（建议至少达到 1.2 升）时，停止校准，平视液面读取量杯刻度，并将读取到的数值输入 A2 智能手持终端的提示框中，完成此次校准。校准步骤及效果如图 5 - 5 所示。

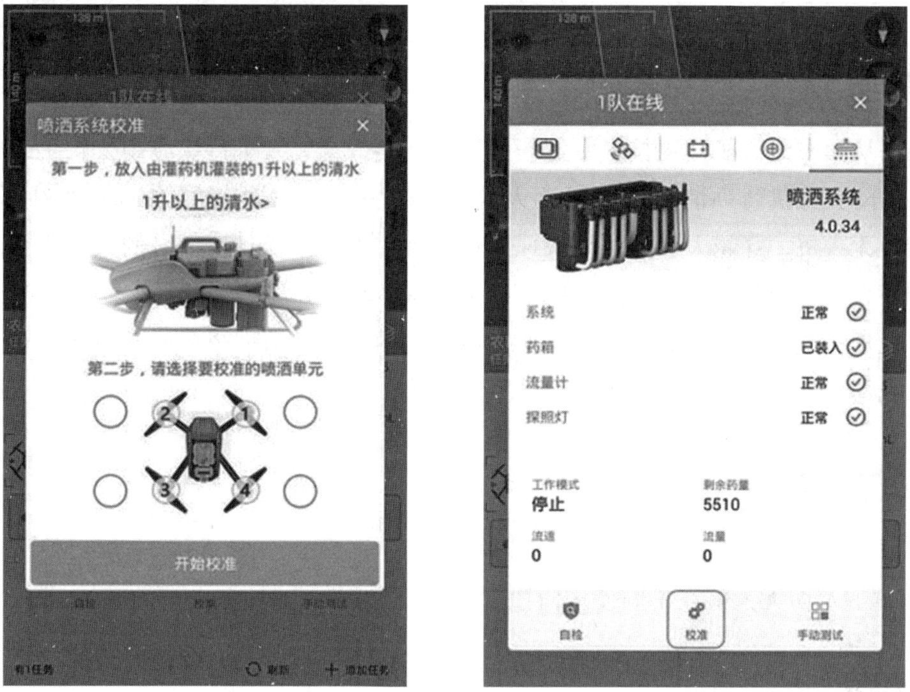

（a）校准步骤　　（a）校准效果

图 5 - 5　校准步骤及效果

（二）注意事项

（1）用植保作业喷洒所用的药液进行校准。

（2）校准所用药液量一定要大于 1 升。

（3）读取量杯刻度时一定要平视液面。

（4）每次校准仅针对一个喷洒单元，若多个单元有误差则需要多次进行校准。

任务练习

1. 植保无人机有哪些优势和缺点？

2. 怎样对蠕动泵进行维护？

工匠精神

1. 树立正确的择业观、积极的学习态度和扎实的专业技能。
2. 培养对植保行业的岗位意识和吃苦耐劳精神。

任务 2 消防无人机任务载荷维护

任务描述

小张从学校无人机应用技术专业毕业后，来到一家无人机行业应用公司上班，他负责使用消防无人机协助消防员进行灭火救援。某一天，一栋 40 层的高楼发生了火灾，小张操控无人机，穿越大量的浓烟快速到达了火灾现场。经过 1 小时的紧张救援，大火被完全扑灭。在消防作业中，无人机搭载了哪些负载？在完成任务后，小张该如何对消防无人机任务载荷进行保养与维护？作为本专业的学生，请你结合所学专业知识帮他制定任务载荷的保养与维护方案。

任务目标

1. 了解消防无人机的负载结构与工作原理。
2. 掌握消防无人机在不同使用阶段常见故障的判断与处理。

知识准备

一、消防无人机任务载荷介绍

消防无人机是消防救援行动中应用的，提供态势感知、辅助现场救援行动的无人机，其核心目的是辅助指挥决策，更高效地完成现场救援行动。消防无人机常常携带的负载有多光融合相机、航测相机、激光雷达、喊话机等，如图 5－6 所示；辅助救援负载有探照灯、气体探测器、多镜头相机等，如图 5－7 所示；还有一些干粉灭火罐模块、系留水带喷水模块等，如图 5－8 所示。

（a）多光融合相机　（b）航测相机　（c）激光雷达　（d）喊话机

图 5－6　消防无人机常用负载

（a）探照灯　　（b）气体探测器　　（c）多镜头相机

图 5－7　消防无人机辅助救援负载

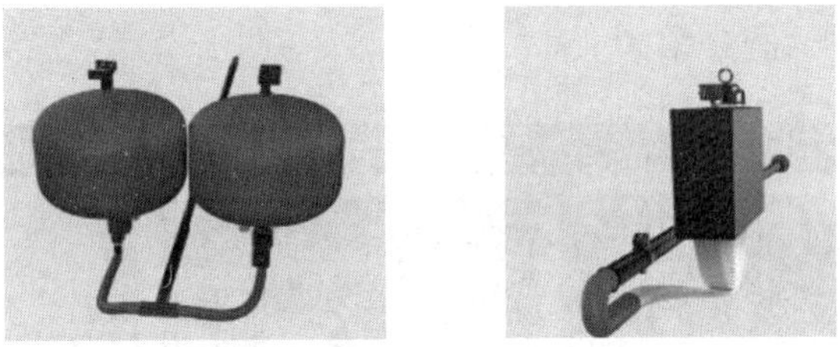

（a）干粉灭火罐模块　　（b）系留水带喷水模块

图 5－8　消防无人机负载模块

消防无人机
任务载荷维护

二、消防无人机任务载荷选型

（1）对火灾现场进行高空航拍，需要选择机动灵活、小巧便携、操作简单的小型无人机，到达现场后可快速传输现场图像。

（2）对火灾现场精确侦查，需要搭载红外热成像仪和高倍变焦云台相机，通过红外热成像监测内部的热感温度，并可以切换至可见光相机进行目标位置判断，为现场救援提供有效指导。

（3）消防救援人员在救援时无法对高点门窗进行破拆排烟，需要搭载高空破拆功能模块的无人机，使用破窗装置进行强力破拆排烟。

（4）火灾现场经常遇到水枪、车载水炮和高喷车无法喷射到的位置，需要搭载灭火弹或干粉喷射枪模块的无人机，抛投灭火弹或喷射干粉，有效抑制火灾蔓延。

（5）火灾现场燃烧面积较大，需要选择具备高精度航测、精度导航定位系统和高性能成像系统建模无人机，可在现场快速完成建模出图任务。

（6）在火灾现场救援时，无人机云台相机距离火场的直线距离要尽可能达到 100 米以上，不能长时间让高温点一直处在画面的某个固定位置，将高温区域在画面中缓慢移动，减少热源对云台相机的伤害。如果现场热辐射过高，发现红外热成像相机观察其他区域时画面中有光斑，可以点击 FFC 校准，将相机静置七天左右，即可完全恢复。

（7）飞手在某些场景下作业时，可能只关注变焦或广角的相机画面，而镜头长时间暴露在太阳光直射的高温环境中会导致红外机芯被灼伤。有了传感器灼伤防护，无人机在检测到镜头长时间暴露在太阳光直射的高温环境中时就会自动关闭快门。在相机设置里，飞手可以根据灾情需要决定是否开启传感器灼伤防护。

三、消防无人机任务载荷维护案例

由于应急救灾场景复杂，一次性作业时间较长，因此为了延长消防无人机的使用寿命，我们需要对作业前后消防无人机的任务载荷进行维护保养。下面以大疆消防无人机为例讲解消防无人机任务载荷的维护方法。

大疆 M300RTK 无人机开机连接成功后，进入 DJI pilot 软件，如图 5－9 所示，可以看到手动飞行和航线飞行两种模式，在飞行任务中可以依据需要选择不同模式飞行，本次选用手动飞行作为示例介绍。

图 5－9　DJI pilot 软件

选择手动飞行后进入操作页面，初始相机图像为前视镜头，点击图 5－10 右下角的小画面切换至云台相机变焦模式。

图 5－10　DJI pilot 设置

点击红外功能选项进行切换，即可进入红外模式，如图 5－11 和图 5－12 所示。

在火灾现场，飞手和无人机均要在上风口位置，以免浓烟造成损伤，确保自身和机器安全。飞手要在视距内操作无人机，注意图传和控制距离，提前设置好返航高度，以免自动返航时撞到障碍物。飞行过程中，无人机严禁穿越浓烟区域，因为现场浓烟上方

图 5 - 11 DJI pilot 软件红外模式 1

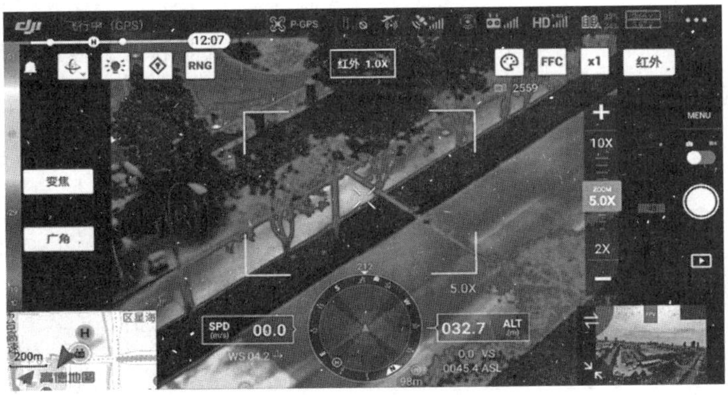

图 5 - 12 DJI pilot 软件红外模式 2

空气密度低，否则会造成无人机升力异常，影响飞行安全。

在救援现场使用航线飞行手动规划任务时，需要观察现场周围建筑物情况，合理设置起飞点，选择在远距离较为空旷或者某建筑物楼顶等不易受周围建筑干扰的地方飞行。根据火灾现场风向选择上风口飞行，确保进出航线应远离火灾现场位置，保证无人机能够安全起飞、降落。在规划航线时要注意飞行高度，若现场火灾浓烟较大，则飞行高度设置应选择较高数值以防浓烟对无人机和云台相机产生损伤。

在灾害现场进行建模任务规划航线时要尽量规划大面积以确保能够将厂房完整面积规划进任务，若周围水源距离厂房不远则还可将周围的道路、水源位置一并规划到任务中，建模完毕后可实时应用到当前作战指挥部署中。进行建模任务时可先进行二维实时建模，二维建模用时较短，可用于火灾初期作战部署中；三维建模飞行共 5 条航线，建模时间较长，可于火灾后期进行建模重建，以便后期火灾情况总结以及火灾调查使用。

消防无人机在开箱阶段、激活阶段和飞行阶段容易出现的故障名称、排查方法见表 5 - 2。

表 5-2　消防无人机不同阶段故障排查表

故障阶段	故障名称	排查方法
开箱阶段	电池无法充电	1. 检查充电管家：查看是否正常通电，是否在正常工作状态下，也要检查管家的金手指接口是否有脏污或损坏。 2. 检查电池接口：查看是否有损坏、脏污，以免因为接触不良造成无法充电。 3. 检查电池电量：是否因为过放造成无法充电或者 LED 灯是否正常显示。
	电池充不满	1. 检查充电管家：检查充电管家能否充满其他电池。 2. 电池放电后再充：单块电池可以将电池原本的电量放电至 85%以下再充。多块电池一起充电，电池循环次数差别应在 5 个循环次数以内。若超出 5 个循环次数，则电池组无法充满，需要及时更换
	无人机、遥控器无法开机	1. 更换电池：更换电池来检查是否因为电池电量问题造成无法开机。 2. 检查金手指接口：检查金手指接口是否接触不良。 3. 检查按键是否有问题：是否因为按键已经损坏而造成无功能反馈。
激活阶段	服务器异常	1. 更换网络：检查网络健康状况。 2. 更换邮箱账号：更换账号后重新激活。 3. 更换手机账号：更换账号后重新激活。 4. 服务器拥挤：后台异常，半小时后再尝试。
	激活失败	1. 快捷键重新对频：检查是否正常链接，可以再次尝试对频。 2. 更换电池等部件：排除是因为其他部件的异常造成激活失败。 3. 确认正确的激活方式：确认正确的激活方式是 App 激活还是调参软件激活。 4. PC 端激活：排除是因为计算机异常或数据线传输异常造成激活失败。
	重复激活	1. 更换账号：排除是因为账号问题造成激活异常。 2. 更换网络：检查网络能否正常连接等。 3. 检查遥控器：检查遥控器是否是原装、配套的遥控器。
	无激活提示	1. 检查是否正常链接：检查能否正常对频且链接好。 2. 更换网络：检查网络能否正常连接。 3. 更换账号：排除是因为账号问题造成激活异常。 4. 检查遥控器：检查遥控器是否是原装、配套的遥控器。 5. 已默认激活：云台、雷达等配件已经选择默认激活，故无提示。
飞行阶段	指南针异常	1. 校准指南针：校准指南针，让模块调整状态。 2. 更换环境：更换环境来排除干扰。 3. 刷新固件：重新恢复指南针参数。 4. 排除自身干扰源：检查是否有改装，并排除无人机本身干扰源。

续表

故障阶段	故障名称	排查方法
飞行阶段	IMU 模块异常	1. 校准 IMU：重新校准 IMU 传感器参数。 2. 确认地面是否水平：地面不平则可能校准不通过或者 IMU 参数错误。 3. 确认是否按照正确的步骤校准：有些机型需要摆放不同的角度，按照 App 提示操作。 4. 更新固件后再次校准：如果校准失败，可尝试更新固件后再次校准。
	GPS 不搜星、掉星	1. 更换环境：排除环境外在因素干扰 GPS 的情况，更换环境是最直观、方便的方案。 2. 刷新固件：查看在刷新固件时是否刷新失败，如果失败则根据报错解决问题。
	电池电芯异常	1. 检查电池和电池仓金手指：检查金手指是否有异物或者损坏。 2. 重新拔插：检查是否安装到位或者是否接触不良。 3. 更换电池：更换电池来交叉测试，若电池更换后无报错则是电池问题。
	网络 RTK 异常	1. 检查网络状况：确认网络是否通畅，使用内置浏览器浏览网页验证。 2. 更换网络：使用网卡和 Wi-Fi 热点交叉测试。 3. 检查是否激活，生效期是否正常：在激活购买页面查看是否已经生效或者过期。 4. 检查是否是配套的遥控器或无人机：若不是配套的遥控器或无人机，则可能是没有网络 RTK 账号，故出现异常。
	SD 卡异常	1. 格式化 SD 卡：可在 App 端或 PC 端格式化 SD 卡，并且可以在 PC 端尝试慢速格式化。 2. 更换 SD 卡：有条件的可更换 SD 卡交叉测试来判断是哪端的问题。 3. 检查 SD 卡卡槽：判断是否有异物或者有异常造成接触不良。
	不能拍照、录像	1. 重新对频：检查是否正常连接。 2. 检查固件：检查遥控器和无人机固件是否匹配。 3. 检查遥控器按键：查看拍照录像按键是否有反馈。 4. 检查 SD 卡储存情况：检查 SD 卡是否内存已满和 SD 卡状态。 5. 刷新固件：重新刷新固件来尝试。
	一体化云台无法自检	1. 检查云台是否有力度：若无力度则云台电机被损坏。 2. 检查云台电机是否有阻挡和异物：清理异物，再进行重新校准。 3. 校准云台：通过 App 端进行云台校准。
	可拆卸云台无法自检	1. 检查云台固件：固件不匹配造成无法检测到云台。 2. 检查连接线是否接好：线材未连接或者连接异常则无法传输云台姿态信息。 3. 检查是否安装到位：未安装到位可能无法识别云台。 4. 检查是否接触不良：检查金手指或其他接口。 5. 检查云台电机是否有阻挡：未通电时，在机身上检查云台是否能在正常范围内旋转，没有其他物体可以阻挡。

任务练习

1. 消防无人机有哪些常用的任务载荷？
2. 在执行完消防作业后，需要对任务载荷进行哪些维护和保养？

工匠精神

1. 树立正确的择业观、积极的学习态度和扎实的专业技能。
2. 培养对消防行业的岗位意识和乐于奉献的精神。

任务3 航拍无人机任务载荷维护

任务描述

小张从学校无人机应用技术专业毕业后，来到一家无人机行业应用公司上班，他负责使用航拍无人机协助剧组进行影视拍摄。在某一天的航拍过程中，突然下起了大雨，拍摄活动被迫中止，相机镜头也被淋湿了，小张十分着急。作为本专业的学生，请你结合所学专业知识帮他制定相机镜头淋湿后的保养与维护方案。

任务目标

1. 了解航拍无人机的负载结构与工作原理。
2. 使用无人机常用维护工具完成植保无人机任务载荷的调试与维护。

知识准备

利用无人机进行航拍是最常见的一种无人机应用场景，通过搭载相机/摄像机、红外热成像仪等设备，无人机可以在空中获取高清晰度的影像和各种数据。航拍无人机被广泛应用于影视拍摄、城市规划、电力巡检等领域。

一、航拍无人机任务载荷

（一）相机

相机或摄像机是最常见的无人机任务载荷之一，如图 5－13 所示，通常用于航拍、监视、勘测等任务场景。相机可以提供高清图像或视频，为用户提供实时视角或用于后期处理和分析。相机镜头是相机的关键部件，镜头的选择应考虑以下几个方面：

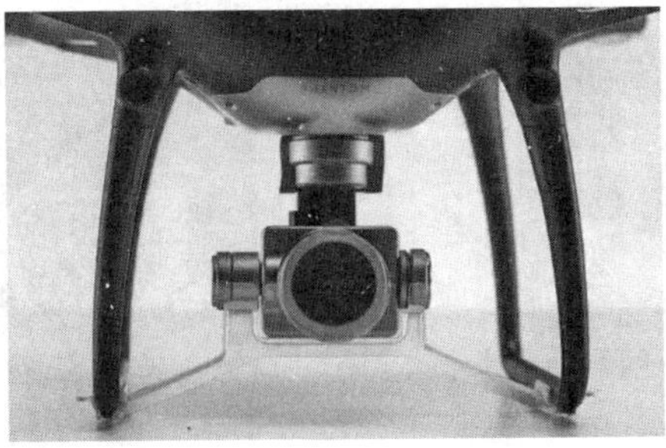

图 5－13 大疆 Phantom 系列无人机镜头

1. 对焦长度

航拍常用 15～50mm 广角和标准焦距镜头，可以拍摄广阔的景观。如果需要拍摄远处的细节，可以选择长焦镜头。

2. 光圈大小

航拍时光线复杂，选择大光圈镜头有利于让更多光线进入，获得清晰图像。常见的航拍镜头光圈 f 值应设置在 2.8 到 5.6 之间。

3. 图像质量

图像质量直接影响航拍效果，选择有色散控制、对比度高、细节丰富的高品质镜头有利于提高拍摄图片的质量。

4. 稳定性

优先选择有光学防抖或电子防抖的镜头，可以有效减少飞行振动带来的影响，保证拍摄的稳定性。

5. 重量

考虑到无人机的载重能力，可以选择体积小、重量轻的广角镜头和标准镜头。

6. 自动对焦

选择支持自动对焦的镜头，可以根据画面实时调整对焦点，保证拍摄的清晰度。

7. 价格

根据预算选择性价比高的产品。初学者可以选择适中的价格配置。

（二）红外热成像仪

红外热成像设备如图 5－14 所示，它的工作原理是利用物体热辐射的差别成像。如图 5－15 所示，屏幕亮处表示温度高，暗处表示温度低。性能好的红外热成像设备能反映出千分之一度的温差，因而能透过烟雾、雨雪和伪装，发现隐蔽在树林和草丛中的车辆、人员，甚至埋在地下的物体。无人机搭载红外热成像仪可以用于执行搜索救援、火灾监测、温度测量等任务。

图 5-14　红外热成像设备

图 5-15　红外热成像仪检测输电线路

红外热成像仪的选择应主要考虑以下几个方面的因素：

1. 应用领域和目的

不同的应用场景需要不同性能参数的红外热成像仪。如果用于高温检测，需要选择温度测量范围足够宽的型号。

2. 温度分辨率

温度分辨率决定了红外热成像仪区分温差的最小单位，分辨率高可以看到更精细的温度变化。

3. 空间分辨率

空间分辨率决定了成像检测像素大小，分辨率高的红外热成像仪可以获得更清晰的热像。

4. 热敏度

热敏度是指红外热成像仪检测温差变化的灵敏度。热敏度的值越低代表灵敏度越好。

5. 探测波段

探测波段常见的有短波（3～5μm）和长波（8～14μm）两种波段类型。长波对高温物体更敏感。

二、航拍无人机任务载荷的维护与保养

航拍无人机在执行任务时，其任务载荷如相机镜头、红外热成像仪等会直接受到外界环境如灰尘、撞击、振动等的影响，这些都会加速磨损。因此定期保养可以提高拍摄和测量效果，延长设备的使用寿命。

无人机在航拍或测绘时的维护与保养

（一）相机镜头

1. 常见故障

（1）镜头积尘进水。

无人机起降会产生较大的气流，加上外出拍摄环境复杂，容易造成镜头内部积灰尘，严重时可能导致镜头内进水，因此需要定期拆镜头清洁。

（2）镜头遭受撞击。

无人机在起落过程中如果对地高度控制不当，镜头可能会撞击地面或其他物体，导致镜头构造受损。

（3）镜头聚焦机构产生故障。

由于振动导致镜头内部聚焦环、推拉杆等机构发生松动或损坏，导致对焦功能失效。

（4）镜头固定不牢。

镜头与无人机机身连接不够紧固，镜头会在飞行过程中松动而影响拍摄画面的稳定性。

（5）防尘罩破损。

多次暴露在自然环境中拍摄，镜头前的防尘罩可能会刮花或破损导致镜头更容易进尘。

（6）镜头控制失败。

镜头电子对焦系统与无人机控制系统连接故障导致无法正确控制镜头的对焦和调节。

（7）镜头图像模糊。

镜头手动调节失误或内部光学元件移动导致无法准确对焦拍摄清晰的图像。

2. 维护和保养

（1）定期清洁镜头。

可以用专用镜头清洁布擦去或吹气球吹去镜头表面灰尘。不要用手或普通的布擦拭，以免划伤镜头。

无人机外场
飞行前检查

（2）检查镜头的密封环。

确保镜头密封环紧密贴合，防止灰尘进入内部。如果发现损坏则应及时更换。

（3）避免镜头受到撞击和振动。

镜头内部有精密的光学元件，受到剧烈振动可能导致对准偏移和图像质量下降。

（4）检查螺纹。

定期检查镜头的固定螺纹是否松动，必要时进行紧固，防止飞行振动导致松动。

（5）防水防热。

水进入镜头中和水蒸气进入镜头中要及时清理，避免发霉和电子线路短路。镜头不使用时要及时盖上镜头盖，避免直接暴晒在阳光下。过热会导致镜头充气膨胀损坏。

（二）红外热成像仪

1. 常见故障

（1）图像模糊。

图像模糊可能是镜头脏污或损坏导致的。可以检查镜头，必要时进行清洁或更换。

（2）屏幕无显示。

屏幕无显示可能是显示屏损坏或与主板连接出现问题导致的，可以检查连接线或更换显示屏。

（3）温度读数不准确。

红外热成像仪温度读数不准确可能是参数设置错误或检测组件故障导致的，可以重新配置参数或者维修检查检测元件。

（4）频繁自动关机。

频繁自动关机可能是电池电量低导致的，可以充电或更换电池，也可能是电源管理电路的故障导致的。

（5）图像噪声太大。

图像噪声太大可能是检测器老化或过热导致的，需要维修检查检测器的性能，也可能是电磁干扰太强引起的。

2. 维护和保养

红外热成像仪作为一种精密的电子设备，其维护和保养非常重要，主要可以从以下几个方面进行：

（1）定期清洁镜头。

红外热成像仪的镜头很容易积聚灰尘，影响图像质量。可以使用压缩空气或软毛刷定期对镜头进行清洁。

（2）定期校准。

由于长时间使用，红外热成像仪的校准参数可能会发生漂移，因此需要按照使用说明书的要求，每隔一定时间（如半年）进行一次校准。

（3）更换易损耗件。

一些易损耗件，如电池、冷却风扇等，需要定期检查其工作状态，一旦发现问题就及时更换，以免影响仪器性能。

（4）储存和包装。

不使用时应将红外热成像仪储存在阴凉干燥处，并放入原包装盒内进行存放。避免置于高温、潮湿、有腐蚀性气体的环境中。

（5）定期维护。

可以选择由厂家或授权的维修中心定期（如每 1～2 年）对仪器进行全面维护、检测和功能验证，确保其工作在最佳状态。

（6）谨慎操作。

仪器应轻拿轻放，避免振动和撞击。操作时要按规程进行，不能随意拆卸内部部件。

（7）建立使用档案。

记录设备的使用时间、情况、维护保养等，以便更好地掌握设备状态，指导保养工作。

（8）更新固件。

红外热成像仪的厂家会不断更新优化固件，可以关注其版本升级，及时进行固件更新，提高性能。

任务练习

1. 相机镜头需要进行哪些维护和保养？
2. 红外热成像仪需要进行哪些维护和保养？

工匠精神

1. 树立正确的择业观、积极的学习态度和扎实的专业技能。
2. 培养对航拍行业的岗位意识和积极进取的精神。

项目小结

通过本项目的学习，学生掌握了正确选择并使用维护工具对植保、消防、航拍等无人机任务载荷进行调试和维护保养的技能。本项目通过制定维护方案、填写作业任务书，培养了学生的“6S”职业素养，锻炼了学生正确的择业观念，有利于学生养成积极的学习态度和吃苦耐劳的精神。

项目实训

一、实训地点

外场，有地面硬化、水源、电源的平地。

二、实训设备

植保无人机、水桶、维修清洁工具等。

三、实训过程

（一）实训流程

流程一：教师进行实训前“6S”管理说明及安全教育。

流程二：班长组织学生进行分组，选取组长，并将分组情况汇总交给老师。

流程三：各组长领取实训工卡，确定实训内容，领取实训所需工具，并清点下发的实训耗材。

流程四：各组按照制定的实训步骤进行实训操作。

流程五：各组长汇报实训结果，进行课堂讨论。

流程六：教师验收实训结果，并打分。

流程七：整理实训室台面。

（二）实训内容

1. 每次作业完成后，多旋翼植保无人机维护检查项目

（1）清洁机身及药箱，如图 5－16 所示。

图 5－16　植保无人机机身清洁

清洁步骤如下：

1）打开“极飞农服”App 或“极飞农业”App，进入喷洒系统，点击“手动喷洒测试”，排空药箱和管道内剩余药液。

2）装入肥皂水或皂粉水，中和残留农药，再次排空。

3）将清水倒入药箱，点击“手动喷洒测试”，排空药箱、管路。

4）使用高压水枪冲洗机身，确保清洁、无污渍，并将无人机晾干。

（2）清洁及检查动力系统，如图 5－17 所示。

清洁步骤如下：

1）检查螺旋桨的桨叶，若有裂纹或缺损，则需要更换桨叶。

2）上下摇晃桨叶，若有晃动，则需要紧固螺丝或更换损坏的桨夹、桨卡。

3）检查电调表面，若有附着物，则使用软毛刷将表面的药液及污渍刷干净。

（3）检查喷洒作业执行系统，如图 5－18 所示。

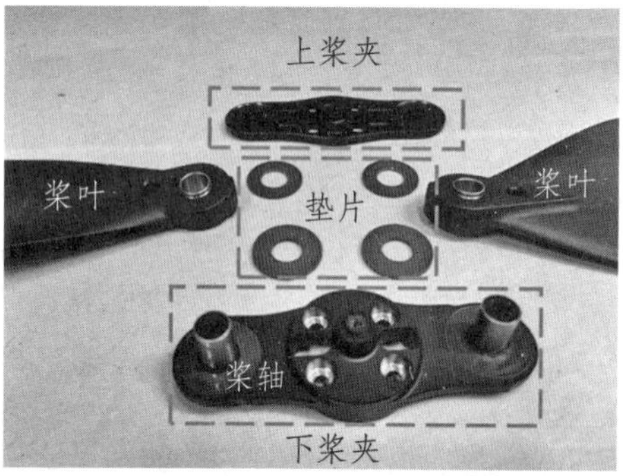

图 5－17　植保无人机螺旋桨检查

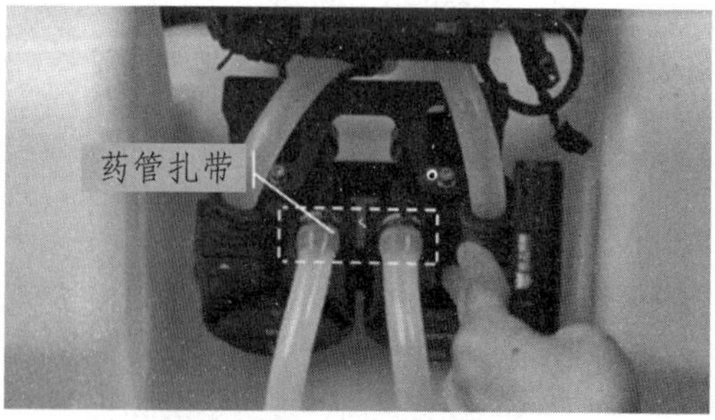

图 5－18　植保无人机药管接口

清洁步骤如下：

1）检查药管的各接口扎带的牢固性，若有松动，则应使用扎带紧固。

2）检查药管，若有磨损，则需要缠“布基胶带”进行防护；若有龟裂、老化现象，则需要及时更换药管。

3）目视检查药箱贴片，如图5-19所示。若有腐蚀现象，则需要及时清理；若出现变形、断裂，则需要及时更换。

4）检查喷嘴是否出现堵塞，如图5-20所示，若堵塞则需要及时清理。

图5-19 植保无人机药箱贴片

图5-20 植保无人机喷嘴

(4) 检查播撒作业执行系统。

每次播撒作业完成后，需要清理料箱、绞龙、甩盘上的残留肥料，可有效防止肥料腐蚀零配件，延长播撒系统的使用寿命。

1）绞龙十字盘清理维护。

每日作业结束后，需要用高压水枪直接冲洗绞龙，或者将之放置在清水中浸泡清洁，防止肥料结块堵转或下料不准。绞龙十字凹槽也需要保持干净，避免异物进入。

2）播盘清理。

作业后，用高压水枪直接冲洗，防止肥料结块，防止肥料堵塞管路，腐蚀金属器件，使得非金属部件老化。

(5) 清洁及检查感应系统镜头。

使用镜头布擦拭系统镜头，确保干净、无异物。

(6) 清洁及检查电池。

电池插头如图5-21所示，检查步骤如下：

1）检查电池插头，若存在异物或杂质，则需要使用棉签蘸上酒精进行擦拭处理。

2）检查电池外壳、尾插卡扣，若有破损或变形，则需要到服务站进行更换。

3）检查电池散热孔，若有沙石等杂物，则需要及时清理，防止磨损电芯。

4）检查电芯，若有鼓包、漏液情况，则需要及时送服务站维修。

5）若长时间不使用，则需要保持电量在40%～60%，每3个月需要进行一次补电。

2. 作业面积达到3 000亩，多旋翼植保无人机维护检查项目

(1) 检查机身。

1）目视检查机臂滑块、脚架、主梁、碳框是否变形，若有变形或断裂，则需要及时更换，如图 5－22 所示。

图 5－21　植保无人机电池插头

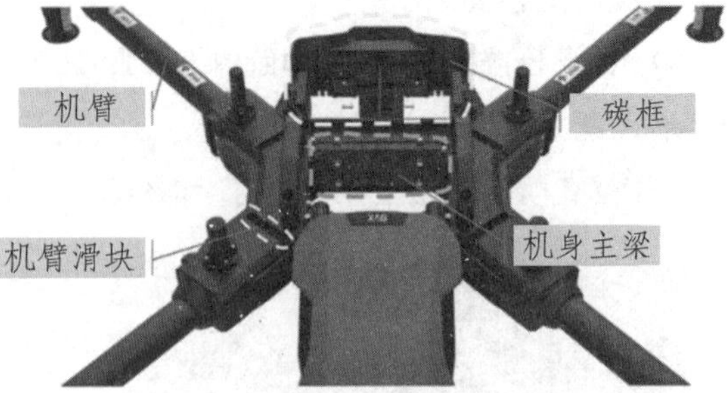

图 5－22　植保无人机机身

2）检查机身各固定螺丝是否松动、滑丝、生锈或断裂，若有则需要更换螺丝。

3）取下机头罩，逐一检查飞控处线材是否磨损或断裂，接口是否有故障，若有则需要更换线材。

4）检查执行系统、脚架、料箱的固定螺丝是否松动、滑丝、生锈或断裂，若有则需要更换螺丝。

（2）检查动力系统。

1）转动电机，若有异响、卡滞，则使用软毛刷清理电机漆包线上残留的异物或灰尘；目视检查电机漆包线，若有变黑，则需要更换电机。

2）检查电机三相线束及端子，若有磨损，则需要用“醋酸布胶带”将电机三相线束包裹 2 层，确保线皮不外露；若有断裂，则需要更换线路或端子损坏的电机。

3）拆下喷洒灯，检查 EV 泡棉，若有缺失则需要补充泡棉。

4）摇晃电机，检查电机底座，如图 5－23 所示。若有松动，则需要紧固螺丝；若有断裂，则需要更换。

5）拧下电机底座固定螺丝，目视及触摸检查钢套，如图 5－24 所示，若存在裂纹，则需要更换钢套、胶套、螺丝及电机底座。

图 5－23　电机底座

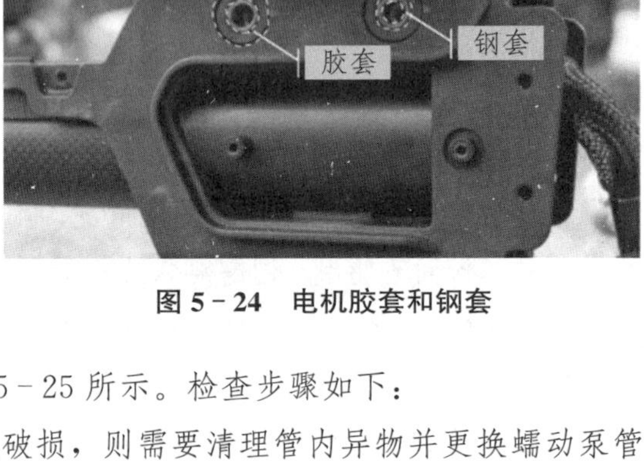

图 5－24　电机胶套和钢套

（3）检查喷洒系统的蠕动泵管，如图 5－25 所示。检查步骤如下：

1）观察蠕动泵管，若有堵塞、老化或破损，则需要清理管内异物并更换蠕动泵管，安装后需要进行校准测试；

2）检查蠕动泵管与同步盘之间的润滑程度，若润滑较差则可涂抹凡士林。

3. **作业面积达到5 000亩，多旋翼植保无人机维护检查项目**

（1）检查动力系统，检查步骤如下：

1）检查桨叶垫片，如图5－26所示，若有变形、磨损，则需要及时更换。

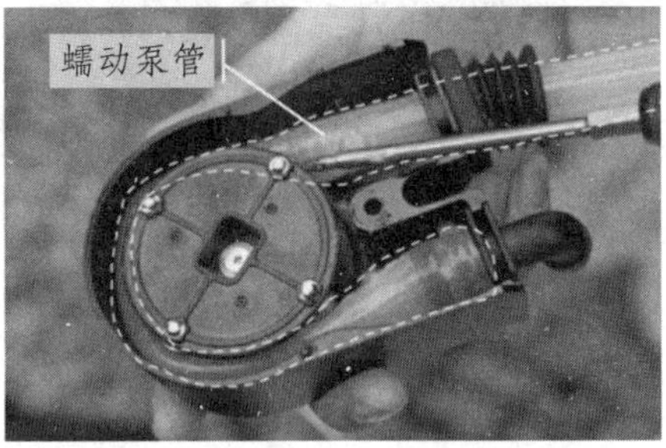

图5－25 植保无人机蠕动泵管

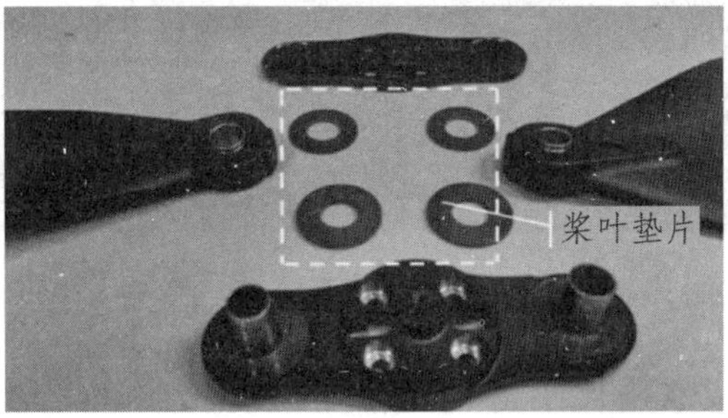

图5－26 桨叶垫片

2）检查舵机的摆臂和连杆，如图5－27所示。若有松动，则需要紧固螺丝；若有断裂，则需要更换。

（2）检查电力系统，检查步骤如下：

1）使用棉签蘸取浓度为75%的酒精，清洁尾插金属片，若有打火痕迹，则需要更换尾插。

2）用手晃动尾插，若没有活动余量，则需要拆下重新装配。

3）拆下尾插外壳，检查尾插电源线，如图5－28所示，若有破损、烧坏、断裂，则需要更换尾插。

图5－27 舵机

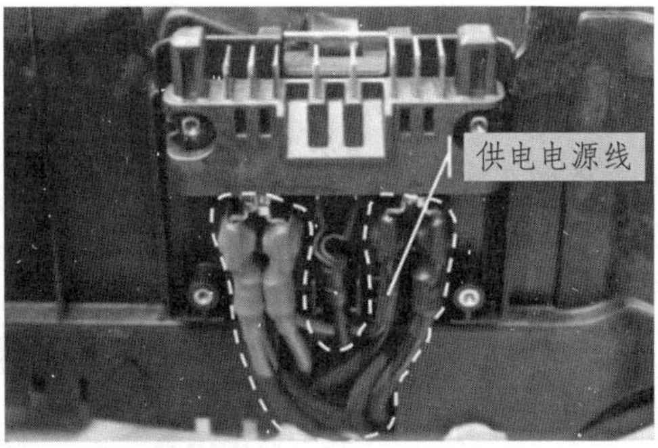

图5－28 供电电源线

（3）检查播洒系统。

拆下甩盘和绞龙并清理干净，检查是否有磨损，如果磨损导致的缝隙大于2mm，则需要更换。

（4）检查感知系统，检查步骤如下：

1）检查飞控的安装架，如图5－29所示，如果不牢固则需要拧紧固定螺丝，若有变形则需要更换。

2）检查前置雷达的固定架，如图 5－30 所示，若存在变形则需要立即更换，更换后请确保连接线在左侧。

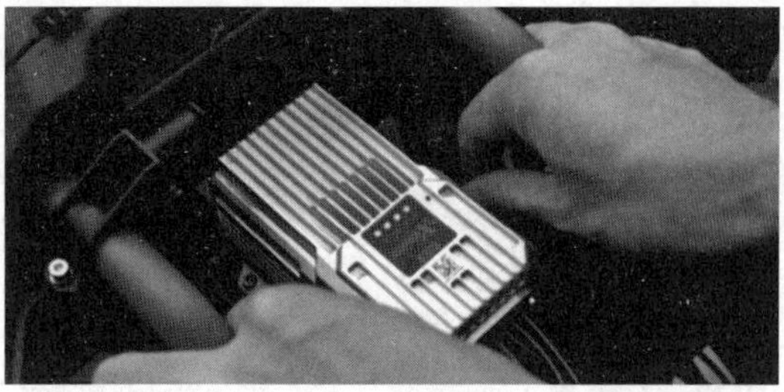

图 5－29　植保无人机飞控

图 5－30　植保无人机前置雷达固定架

4. 作业面积达到 10 000 亩，多旋翼植保无人机维护检查项目

（1）检查机臂，如图 5－31 所示，若存在裂痕导致明显晃动，请立即到服务站更换。

（2）取下机头罩，检查飞控处线材，如图 5－32 所示，若有磨损、断裂、接口故障，则需要更换线材。

图 5－31　机臂

图 5－32　连接线材

（3）拆开桨夹，查看桨夹、桨卡（仅限 V40/V50 无人机）及桨轴，如图 5－33 所示，若存在变形、断裂等情况，则需要更换。

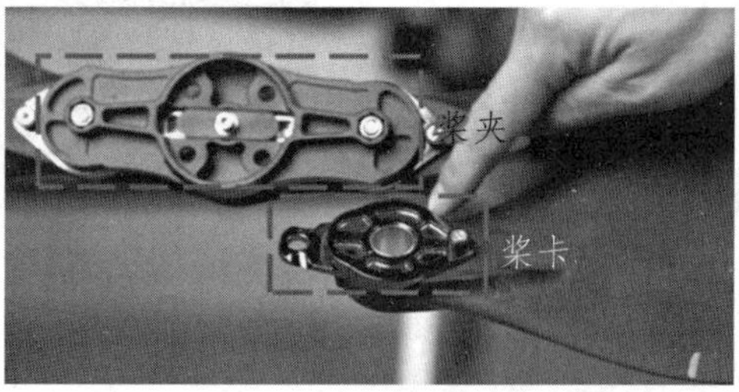

图 5－33　螺旋桨桨夹与桨卡

（4）启动 V40/V50 无人机，手动摇晃电机，如图 5－27 所示，若舵机花键轴存在虚位，则务必到服务站处理。

（5）检查喷盘，若存在断齿、破损，则需要及时更换。

（三）实训成果验收

（1）教师对最先完成的小组进行功能验证、打分细则说明；

（2）教师对第一小组存在的问题进行指导，最终完成功能要求的任务；

（3）第一完成小组对第二完成小组进行功能验证、故障检测和维护维修，直到实现预期功能，以此类推，实现组间互评；

（4）教师让各小组进行组内人员自评、排序、打分，打分表见表5－3。

表5－3 学生打分表

组别	姓名	组内自评×30%	组间验收×50%	导师评价×20%	综合
1					
2					
3					
…					

课证融通

本项目内容与无人机检测与维护职业技能等级证书相融通部分详见表5－4～表5－5。

表5－4 无人机检测与维护职业技能等级要求（初级）

工作领域	工作任务	职业技能要求
维护维修工作准备	维护维修工作单使用	能按照工作单了解无人机机械与电子连接方式
		能正确填写无人机维护维修工作单
	维护维修安全防护	能按照作业要求穿戴劳动防护用品
		能按照规范要求安全用电
	维护维修档案使用	能按照维护维修程序记录维护维修档案
		能按照规范要求保存档案

续表

<table>
<tr><th>工作领域</th><th>工作任务</th><th>职业技能要求</th></tr>
<tr><td rowspan="7">航前准备与检测</td><td rowspan="4">系统拆装与连接</td><td>能将无人机组件拆解并装箱运输</td></tr>
<tr><td>能安装与紧固电池</td></tr>
<tr><td>能依据操作规范，完成遥控器对频</td></tr>
<tr><td>能连接无人机与超视距控制站</td></tr>
<tr><td rowspan="3">任务载荷装配</td><td>能按照作业需要，正确选配、安装任务载荷组件</td></tr>
<tr><td>能进入任务设置界面测试任务载荷</td></tr>
<tr><td>能对机体进行重心配平</td></tr>
</table>

表 5－5　无人机检测与维护职业技能等级要求（中级）

<table>
<tr><th>工作领域</th><th>工作任务</th><th>职业技能要求</th></tr>
<tr><td rowspan="11">无人机机体拆装</td><td rowspan="3">固定翼无人机拆装</td><td>能完成机翼与翼面舵机的拆装</td></tr>
<tr><td>能拆装起落装置</td></tr>
<tr><td>能完成动力装置的拆装</td></tr>
<tr><td rowspan="4">无人直升机拆装</td><td>能拆装主旋翼与自动倾斜器</td></tr>
<tr><td>能拆装尾桨与传动舵机</td></tr>
<tr><td>能拆装飞控、接收机与数传电台</td></tr>
<tr><td>能完成动力装置的拆装</td></tr>
<tr><td rowspan="4">任务设备拆装</td><td>能使用零部件组装云台减震支架</td></tr>
<tr><td>能进行植保无人机喷洒系统管路连接</td></tr>
<tr><td>能拆装、清理植保无人机的喷洒滤网</td></tr>
<tr><td>能检查与处理喷洒管路阻塞情况</td></tr>
</table>

课后习题

一、单选题

1. 以下选项中，不是植保无人机常见载荷的是（　　）。

A. 灭火弹　　B. 喷洒系统　　C. 播种系统　　D. 农田测绘系统

2. 搭载二轴云台的航拍无人机无法在（　　）时保持图像稳定。

A. 俯冲运动　　B. 横滚运动　　C. 紧急刹车　　D. 偏航运动

3.（　　）设置参数可以使数字图传航拍无人机延迟更低。

A. 降低图传功率　　B. 降低图像质量

C. 增大天线相对角度　　D. 使用全向天线

二、判断题

1. 浓烟情况下，消防无人机在执行火场勘测任务时要时刻关注机身状态，因为浓烟上方空气密度低，会造成无人机升力异常，影响飞行安全。（　　）

2. 航拍无人机在执行飞行任务时，云台必须与相机的视频信号输出线相连接。（　　）

3. 无人机云台是承载摄像机进行水平和垂直两个方向转动的装置。（　　）

4. 对植保无人机负载进行校准，不需要用植保作业喷洒所用的药液进行校准，用清水校准即可。（　　）

5. 药箱是植保无人机农药喷洒系统的一个重要部件。（　　）

6. 无人机外出作业时，在公司校准完成后，到外场工作时无须再进行校准。（　　）

三、填空题

1. 垂直起降固定翼无人机在余震不断的灾区执行航测任务时，在通电后首先需要检查的是________。

2. 影响植保无人机机体维护的主要原因有：药液腐蚀、________、________等。

3. 植保无人机的蠕动泵上高速运转的部件或结构主要有蠕动泵电机、________、________。

4. 植保无人机常见的载荷有________、________、________等。

5. 航拍无人机常见的载荷有____________________、____________________等。

6. 湿度过大可能会导致无人机零部件受潮，乃至电子部件________，影响无人机正常飞行。

7. 无人机工作环境的________、________等变化都可能影响飞行状态和使用寿命。

8. 航拍无人机负载相机出现 SD 卡异常，可以通过以下多种方式进行维护，分别是________、________、________。

四、简答题

1. 写出常见无人机维护保养的步骤。

2. 航拍无人机作业前检查应有哪些?

3. 简述植保无人机载荷维护的必要性。

4. 某型号植保无人机喷洒系统由药箱、流量计、三通管、蠕动泵和喷头组成。简要分析植保无人机喷洒系统的工作原理，将方框图补充完整。

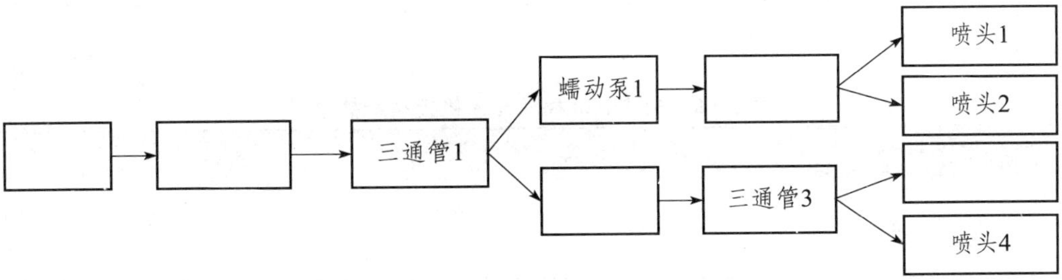

5. 无人机作业后场内日常保养主要检查哪些机械结构部件？

6. 多旋翼消防救援无人机在执行任务前，需要对机体进行检查，主要从哪些方面进行检查？

7. 无人机在起飞前，系统提示“IMU 模块异常”，简述维护方法。

五、综合题

1. 某四旋翼无人机在起飞阶段就发生了侧翻，根据地面站的报错提示进行维护：

（1）地面站软件上显示“Compass variance”，解释报错信息，分析原因并给出维护措施。

（2）推油门后四个电机不同步转动或某些电机明显慢转，地面站软件上显示“油门校准不通过”，简述如何通过遥控器校准油门。

（3）系统提示“加速度计异常请重启”，简述加速度计校准的方案。

2. 小明同学在执行无人机作业前发现无人机配备的遥控器为美国手，并且油门阻尼感不顺畅，且他只熟悉日本手模式下的飞行，他打算根据大学时学过的“无人机维护技术”课程中关于遥控器维护的相关知识，将遥控器进行改手，以保障完成飞行任务。

步骤一：工具准备。

请写出拆装时需要的工具：____________________。

调节阻尼后还需要____________________使得油门更加顺滑。

步骤二：拆解，将遥控器后盖及摇杆按正确的方法和步骤进行拆解。

步骤三：更换部件及调节油门阻尼。

步骤四：遥控器调试步骤：

____

3. 大疆六旋翼电动植保无人机（型号为 AGRAS T16）正在水稻田喷洒农药，在作业过程中，由于操作不当，无人机蠕动泵发生故障，导致植保无人机药箱不能正常喷洒药液。你作为植保作业人员，如何进行维护处理？

AGRAS T16

4. 表 5-6 给出了极飞 P20 植保无人机校准所需材料，在作业前要对其负载进行校准。请你依据表格内容，写出作业前对喷洒系统进行校准的 5 个步骤，写出喷洒系统校准过程中的 4 个关键注意点。

表 5-6　极飞 P20 植保无人机校准所需材料

材料	规格及状态	理由
P20 植保无人机	待校准	在外出作业前已经校准，只需要进行相应传感器校准

续表

材料	规格及状态	理由
药箱	功能完好	装载校准所需的药液
智能灌药机	功能完好	灌装校准所需的药液
A2 智能手持终端	功能完好	P20 校准的控制器
药液	植保作业喷洒所用药液	不同液体属性（如黏稠度）不同，用药液校准更精准
量杯	容量为 1 升以上，刻度精准	校准喷洒系统的量具，精确衡量

（1）写出极飞 P20 植保无人机喷洒系统校准的步骤。

（2）写出极飞 P20 植保无人机喷洒系统校准过程的注意事项。

参考文献

[1] 周竞赛，冯宇．无人机概论［M]．北京：清华大学出版社，2021.

[2] 张月义．无人机组装技术与维护［M]．西安：西北工业大学出版社，2020.

[3] 张月义．无人机结构与原理［M]．西安：西北工业大学出版社，2020.

[4] 李发致，等．无人机组装与维护［M]．北京：高等教育出版社，2019.

[5] 北京优云智翔航空科技有限公司．无人机检测与维护：初级［M]．北京：化学工业出版社，2021.

[6] 浦黄忠，牛莉凯．无人机结构与系统［M]．北京：航空工业出版社，2020.

[7] 张强，等．农用无人机操作与植保技术［M]．北京：中国农业科学技术出版社，2022.

[8] 于坤林，唐毅．无人机结构与系统［M]．西安：西北工业大学出版社，2021.

[9] 于坤林，陈文贵．无人机结构与系统［M]．西安：西北工业大学出版社，2016.

[10] 陶于金，李沛峰．无人机系统发展与关键技术综述［J]．航空制造技术，2014，57（20）：34－39.

[11] 王古常．多旋翼无人机组装调试与飞行实训［M]．重庆：重庆大学出版社，2021.

[12] 杨宇，孔祥蕊．无人机结构与操作［M]．北京：化学工业出版社，2020.

[13] 无人机航摄安全作业基本要求：CH/Z 3001—2010［M]．北京：测绘出版社，2010.

[14] 陈红伟．植保无人机操控技术：项目式·含工作页［M]．北京：机械工业出版社，2023.

[15] 符长青．无人机动力技术［M]．2版．西安：西北工业大学出版社，2022.

[16] 符长青．无人机空气动力学与飞行原理［M]．西安：西北工业大学出版社，2018.

附 录

一、常用工具表

常用工具见附表1。

附表1 常用工具

名称	图例	备注
内六角扳手	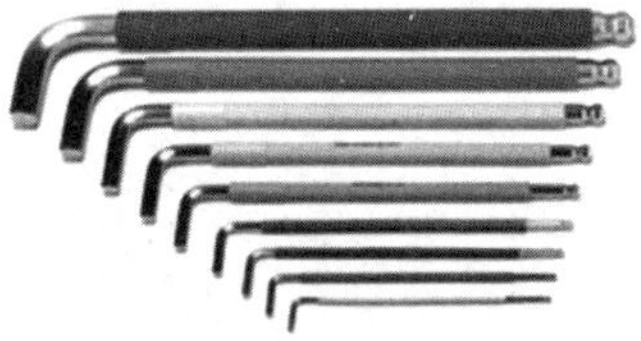	常用规格：1.5mm、2mm、2.5mm、3mm、4mm、5mm、6mm、8mm、10mm
常用一字、十字螺丝刀或多功能螺丝刀	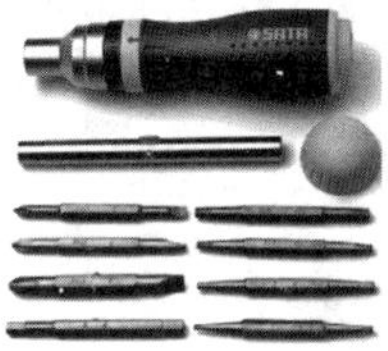	(1) 一字螺丝刀的型号表示为刀头宽度×刀杆。例如2×75mm，表示刀头宽度为2mm，杆长为75mm（非全长）。 (2) 十字螺丝刀的型号表示为刀头大小×刀杆。例如2#×75mm，表示刀头为2号，金属杆长为75mm（非全长）
尖嘴钳、平嘴钳	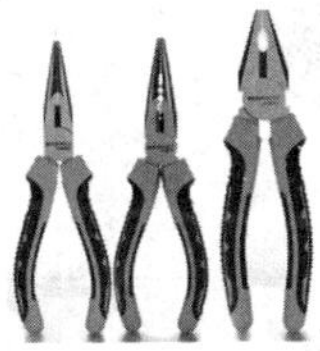	不用尖嘴钳和平嘴钳时，应在其表面涂上润滑防锈油，以免生锈，或者支点发涩
热风枪		热风枪温度设定： 50℃～150℃将冷冻管解冻； 205℃～230℃将塑料管变弯，或者将干油漆或磨粉变软； 230℃～290℃软化黏着物； 425℃～455℃软化焊接物

续表

名称	图例	备注
万用表		测试中不得用手触摸表笔的金属部分，不允许带电切换挡位开关，以免发生触电和烧毁仪表等事故
水平尺		
气吹、细毛刷		

二、常用消耗品表

常用消耗品见附表 2。

附表 2　常用消耗品

名称	图例	备注
电工胶带		
热缩管		收缩比例一般为 3∶1 或 4∶1。 收缩温度：起始温度为 70℃，完全收缩温度为 125℃。 工作温度一般为−45℃～+125℃
硅橡胶（704）	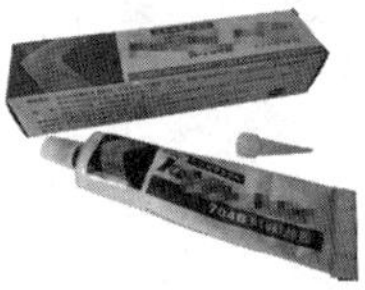	若未用完则应立即拧紧盖帽，密封保存。再次使用时，若封口处有少许结皮，则将其去除即可，不影响正常使用
螺纹紧固胶		推荐 243 蓝色，强度适中；272 红色，紧固强度高、难拆卸

续表

名称	图例	备注
结构胶（AB胶、502）	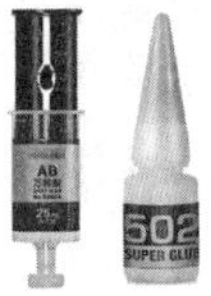	结构胶的强度： 压缩强度＞65Mpa； 钢-钢正拉黏接强度＞30MPa； 抗剪强度＞18MPa
消毒酒精		储存时密封保存，远离火源
精密电子清洁剂		高挥发及非燃烧的溶液喷洗剂，能迅速除去精密电子仪器、元件及其他电器装置上的静电和油污
内六角螺丝	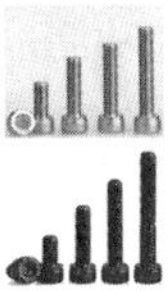	常用尺寸：M2、M2.5、M3、M4、M5（长度不一）。 常用材质：碳钢（黑色）和不锈钢（银色）。 碳钢：高强度； 不锈钢：防腐蚀
垫圈和螺母	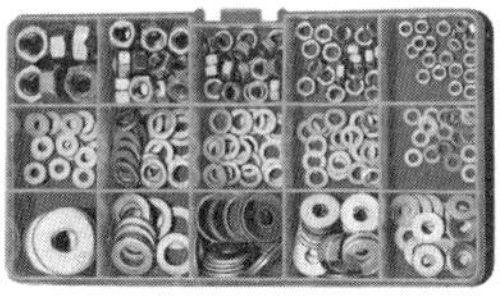	常用尺寸：M2、M2.5、M3、M4、M5
尼龙垫圈		常用尺寸：M3、M4，用于固定螺旋桨
减震硅胶球		注意区分减震球的实心和空心

三、简单故障处理参考表

（1）执行内八解锁操作依然无法起飞，故障处理参考附表3。

附表 3　解锁后无法起飞故障处理参考

问题事项	解决方法
查看无人机遥控操纵杆的模式	在飞行软件的遥控器设置中检查操纵模式，美国手与日本手的起飞操纵杆不同
查看摇杆中位和行程	在飞行软件的遥控器设置中使用摇杆校准功能
查看遥控器与无人机对频连接	在软件中使用对频功能连接遥控器和无人机
在飞行软件中查看无人机是否在禁飞区	打开飞行软件查看是否在禁飞区，若在禁飞区，则需要离开禁飞区飞行或者申请解禁后才能飞行
查看传感器是否提示无人机指南针有异常	校准指南针传感器
查看 GPS 传感器	等待 GPS 搜索卫星达到足够数量，通常为 7 颗以上
查看 RTK 状况	启用了 RTK 功能但是 RTK 未连接成功，检查 RTK 链路，待 RTK 链接成功后飞行
查看遥控器电量是否满足起飞条件	将遥控器电池电量充满再使用（飞行过程中遥控器电量不足 10%时可以继续飞行，但是有警告提示时飞手应尽快操控无人机返航）
无人机电池电量是否满足起飞条件	需要等待电池自动加热到 10℃以上再飞行（部分机型有此功能），或者人为地把电池电量充满
查看避障雷达周围是否有异物影响避障感知	将避障雷达外壳清理干净，把无人机搬到空旷地方飞行
飞行软件中有提示需要校准视觉定位模块	部分无人机预设的功能，当起降次数超过 100 次后飞行软件提示需要校准视觉定位模块，以免定位不准影响无人机起降。可根据产品说明书中的步骤，校准视觉定位模块
电池使用时间过长	部分型号的无人机在同一组电池充电循环次数超过 200 次时，会提示电池寿命不足，使用这样的电池飞行，时间会缩短，软件预测的返航时间会不准，需要飞手时刻关注电池电量，及时返航

（2）起飞过程异常，故障处理参考附表 4。

附表 4　起飞过程异常故障处理参考

问题事项	解决方法
起飞升起几厘米后桨叶停转，动力失效	检查电池电量以及电池是否安装到位，载重是否超载
起飞离地后，无人机向某个方向侧翻	检查无人机重心是否偏移，检查 GPS 功能是否正常，检查摇杆是否居中，检查 IMU 姿态传感器是否正常
起飞离地达到一定高度（数十米）后无法继续上升	检查是否在新手模式，检查是否在限高区，检查 GPS 是否正常，检查是否设置限高值

（3）飞行过程中操纵（部分）失效，故障处理参考附表 5。

附表 5 操纵失效故障处理参考

问题事项	解决方法
无人机在飞行过程中突然失控，触发自动返航机制	因电量过低自动触发低电量返航机制，可等待无人机飞回返航点附近降落，也可在飞行软件中取消返航，手动飞回降落
无人机在飞行过程中出现遥控器与无人机传输信号弱或者受到干扰触发断链返航，此时遥控器完全失控	飞手需要转移位置（最好是前往断链位置与返航点的直线附近），尝试将遥控器与无人机恢复链接
当 GPS 受到干扰无法执行自动飞行任务时，无人机也无法返航，以姿态模式飞行	通过飞行软件图传看到无人机有随风运动的趋势，飞手可以尝试飞高无人机等待 GPS 恢复（电量足够的情况下继续再升高 50～100 米），如果没有效果，可以利用预判方向（通过相机观察地形等方式），以姿态模式手动飞回降落
执行飞行任务过程中，RTK 受到干扰	无人机会自行切换成 GPS 模式继续执行任务，需要注意继续执行任务后拍摄精度会受影响。如果需要高精度飞行，可先暂停任务返航，调好 RTK 后再继续执行任务
飞行过程中遥控器与无人机之间的信号减弱或者时断时续	遥控器可以控制无人机，但是操作迟缓，有部分动作失效，飞手可以更换位置，靠近无人机并将遥控器天线对向无人机，看情况能否缓解，如果依然严重，则需要考虑返航

（4）综合故障解决方案，故障处理参考附表 6。

附表 6 综合故障处理参考

故障阶段	故障表现	原因推测	解决方法
启动	所有引擎都不能启动	动力遥控装置没有正确地接入电路	检查是否选择了正确的动力遥控装置
		引擎没有开到启动位置	校准无线电：保证数值达到预定的最大值和最小值
		电池没电	检查电池状况
	一个或多个引擎不转动	无人机没有平置，上方的引擎不能启动	把无人机放平
		电子稳定控制系统或引擎系统出现故障	用电压表检查电流是否正常，或者更换引擎或电子稳定控制系统
		引擎阻塞	清理引擎中的杂物

续表

故障阶段	故障表现	原因推测	解决方法
飞行	无人机起飞后转回	螺旋桨安装错误	检查螺旋桨安装位置
		一个引擎转动方向错误	在电子稳定控制系统和引擎之间的 3 条电缆线中，对调其中 2 条，或者在程序软件中调换顺序
			检查引擎是否连接在自动驾驶仪的正确出口处
			检查在飞行程序中是否选择了正确的无人机类型
		自动驾驶仪安装不正确	检查自动驾驶仪的安装方向是否正确、是否有间隙、是否防震
	无人机不稳定	偏航调节环路不合适	检查 PID 参数设置并调节
		遥控器过于敏感，无人机导航反应过于强烈	调整指数让动作缓和，趋于中性
		无人机底座不够坚固	检查结构是否完整，拧紧螺丝
		电池耗尽	检查电池状况
		无人机负载过重	检查无人机载重
	无人机朝错误的方向出发	遥控器设置方向不正确	在遥控器上把伺服连接换过来
	无人机朝一个方向出发后无法返航	无人机失去平衡	检查无人机平衡情况；如有必要，更换无人机零配件
	无人机“悬停模式”功能无法使用	收不到全球卫星定位系统信号或接收困难	检查卫星数量以及全球卫星定位系统信号强度
		无人机沿同心圆旋转	校正指南针，检查偏航调节环路
	“定高模式”功能无法使用	负载过度	检查重量和/或改变动力曲线
		电池耗尽	检查电池状况
		加速度计紊乱	校正加速度计
		指南针紊乱	校正指南针
载荷	没有视频反馈	视频发射器和接收器没有在同一信道上	修改接收器信道频率，使用发射器的信道频率
		摄像头电池耗尽	检查电池状况
		高清晰多媒体接口插头——将数字信号转换为模拟信号的转换器——视频发射器，这一系统链条出现故障或者电力供给有问题	检查连接和电力供给

续表

故障阶段	故障表现	原因推测	解决方法
载荷	图像不稳定	一个或多个引擎振动	检查吊舱的绝缘体，平衡螺旋桨
	摄像头无法保持稳定姿势	摄像头没有固定在重心上	确认把摄像头固定在重心上

四、无人机飞行作业检查流程

（1）作业前不通电项目检查，故障处理参考附表 7。

附表 7　作业前不通电项目检查

检查项目	检查内容
机体结构	（1）目视及触摸检查螺旋桨、机臂、套筒连接处、起落架是否完好，若有裂纹或有破损则需要及时更换。 （2）检查各个连接部件的螺丝是否锁紧，尤其关注机臂连接件和电池锁紧旋钮的螺丝。 （3）检查防水胶塞是否扣好，若未扣好而使机体进水，则将导致短路。 （4）检查散热风扇进风口有无异物阻塞。 （5）检查减震球及云台防脱绳是否有断裂、破损，减震板是否有裂痕、断裂，云台安装到无人机后旋转卡口是否连接牢固、反向不能转动
动力系统	（1）检查桨叶有无明显变形、破损、老化变软的异常现象，若有则需要及时更换。若螺旋桨表面有异物则需要及时清理。 （2）手动试转动力电机，检查安装是否牢固、有无虚位、旋转是否顺畅且无异响
供电系统	（1）检查无人机的电池接口有无异物、变形，触点是否氧化。 （2）检查电池锁紧旋钮是否牢固，确保飞行时不会松脱。 （3）检查电池外壳是否有明显损伤，有明显损伤的电池禁止用于飞行。 （4）检查电量指示灯是否有异常
传感器系统	（1）检查无人机和遥控器的所有天线是否拧紧，有无松动、损坏，是否会影响桨叶转动。 （2）检查避障、定高雷达有无异物遮挡，雷达外壳有无破损，雷达支架安装是否牢固、有无损坏。 （3）检查各方向红外感知系统、补光灯、视觉系统的观测视角范围内是否存在遮挡。 （4）检查各方向红外感知系统传感器、补光灯、视觉系统传感器的表面玻璃：首先需要去掉表面的贴膜、贴纸以及其他遮挡物品；然后查看是否有水滴、指纹、脏污等，如果有则需要使用无尘布擦拭干净；最后，如果表面玻璃有掉落、破碎、划痕、磨损等，则需要返厂维修
遥控器	检查遥控器摇杆是否在中位，摇杆是否进入沙土等异物，各通道的行程内是否均不存在卡顿和无法到达最大值的情况
任务载荷	（1）检查云台负载外观是否完好，三轴是否用手转动顺畅、无卡顿。 （2）检查镜头有无异物、脏污。 （3）检查抛投器舵机是否光洁

（2）作业前通电项目检查，故障处理参考附表 8。

附表 8　作业前通电项目检查

检查项目	检查内容
遥控器	（1）检查遥控器电量是否充足，电池是否安装牢固。 （2）检查飞行软件中摇杆校准页面，检查遥控器杆量比例是否正常，确认遥杆模式（美国手/中国手/日本手）。 （3）确认当前使用的信道为自动或是自定义，根据信噪比情况选择频率和信道。 （4）遥控器系统版本是否需要更新固件。 （5）打开地图定位查看遥控器户外定位是否准确
电池	（1）检查所有电池（包括无人机电池、遥控器电池）应为满充状态。 （2）若电池存储时间超过一个月，则建议外出前重新进行一次完整的充放电操作。 （3）检查无人机电池是否安装牢固。 （4）通过飞行软件中电池页面检查无人机电池电量、各片电芯电压是否正常
飞行参数	（1）检查失控行为是否符合用户设置（例如：在距离返航点 50m 内飞行设置为失控降落，200m 内飞行设置为失控悬停等）。 （2）检查飞行模式切换开关是否设置正确。 （3）检查返航高度、限高、限远、避障开关等是否设置正确
卫星定位	（1）检查卫星数量是否达到 7 颗以上，能正常进入 P 挡 GPS 定点模式。 （2）若有 RTK 则开启 RTK 开关，选择正确的基站和通道，确认定位模式为 RTK。在 RTK 数据页面检查能否成功定向、定位，精准度是否收敛至 10cm 级别
模块自检	查看飞行软件中自检信息是否有模块故障提示。通常包含 IMU、气压计、指南针、避障模块是否有异常报错提示
散热风扇	检查散热风扇转动声音是否有异常
动力电池	检查电池电量是否满电，每片电芯电压的均衡差值是否不超过 0.2V，如果是同时使用多块电池，则确保电量差异不超过 10%
固件一致性	（1）遥控器连接网络后，打开飞行软件，确保飞行软件、无人机、遥控器、负载及电池固件互相匹配，否则可能导致无法起飞或存在其他飞行安全风险。 （2）所有无人机电池需要逐个插入无人机进行检查，保证固件全部为当前最新版本
电机试转	注意：本步骤执行前必须摘除螺旋桨。 所用遥控器与无人机对频，并确保飞行软件界面的 FPV 图传正常，然后在室内安全飞行区，掰杆启动电机，使其在地面怠速，并进行以下测试。注意：测试时，切勿靠近旋转的电机，以免受伤。 （1）电机正常起转，无异响，飞行软件无异常报错； （2）电机起转或停转期间转动速度较慢时，注意观察，确保转向正确； （3）在怠速转动电机过程中，倾斜无人机观察是否有电机转速加快或有电机转速减慢； （4）人在无人机周围移动时，遥控器避障部分是否有提示

（3）试飞检查，故障处理参考附表 9。

附表 9　试飞检查

检查项目	检查内容
飞行测试	（1）将无人机放置在空旷地区，确保周围 500 米范围内无高压线、通信基站等高大建筑物，周边 10 米范围内没有人员和其他安全隐患。 （2）检查桨叶安装是否准确到位。 （3）分别开启遥控器和无人机，进入飞行软件或者地面站，检查软件中 GPS 提示卫星达到 7 颗以上（RTK 功能正常），软件是否提示正常起飞，无人机机身 LED 指示灯是否提示正常。环境光线充足时，开始调试相机录像、拍摄功能。 （4）P 挡 GPS 定位模式下内八解锁使无人机在地面怠速，摇杆四个控制通道小杆量试舵，观察整机是否有抖动，然后下拉油门杆停止电机。 （5）P 挡 GPS 定位模式下起飞悬停在 5m 左右高度，保持悬停 3 分钟，检查无人机悬停表现（水平偏移不超过 1m，高度偏移不超过 0.5m）、机身抖动表现、电池状态、电机和桨叶声音等。 （6）尝试通过四个控制通道小杆量控制无人机，无人机应能正常响应。 （7）幅度由小到大推四个通道杆量，检查前向姿态响应速度和刹车时的抖动情况。 （8）设置限高、限远，测试无人机是否不会突破这些限制。 （9）P 挡 GPS 定位模式下，打开避障开关，测试无人机能否在前、后、左、右、上五个方向上实现避障。 （10）在 P 挡 GPS 定位模式时，无人机远离返航点 50m 以上，低于设定的返航高度，按遥控器上返航按键触发返航，无人机应按照上升至返航高度、巡航、下降的动作降落到返航点，降落位置与返航点的误差在 1m 以内。 （11）降落后相机停止录像
降落后检查	（1）桨叶、电机、机身外观是否正常，无碰撞、松动、断裂等异常痕迹。 （2）电机温度是否存在异常情况，例如发热不均匀等。 （3）每片电池电芯的电压是否接近，结合实际飞行时长，检查耗电量是否正常。 （4）相机储存卡内照片和视频是否完整、可读取

图书在版编目（CIP）数据

无人机维护技术 / 戴金跃，李红燕主编. -- 北京：中国人民大学出版社，2025. 1. --（新编 21 世纪高等职业教育精品教材）. -- ISBN 978-7-300-33432-5

Ⅰ. V279

中国国家版本馆 CIP 数据核字第 2024QA1435 号

新编 21 世纪高等职业教育精品教材 · 装备制造类

无人机维护技术

主　编　戴金跃　李红燕

副主编　李笑瑜　张伶俐

Wurenji Weihu Jishu

出版发行	中国人民大学出版社		
社　　址	北京中关村大街 31 号	**邮政编码**	100080
电　　话	010－62511242（总编室）		010－62511770（质管部）
	010－82501766（邮购部）		010－62514148（门市部）
	010－62515195（发行公司）		010－62515275（盗版举报）
网　　址	http://www.crup.com.cn		
经　　销	新华书店		
印　　刷	北京密兴印刷有限公司		
开　　本	787 mm×1092 mm　1/16	**版　　次**	2025 年 1 月第 1 版
印　　张	13 插页 1	**印　　次**	2025 年 1 月第 1 次印刷
字　　数	275 000	**定　　价**	35.00 元